W0257487

Die qualitative und quantitative Bestimmung

des

Holzschliffes im Papier.

Eine chemisch-technische Studie

von

Dr. Albrecht Müller

Chemiker und Papierfabrikant.

Berlin.

Verlag von Julius Springer.

1887.

Buchdruckerei von Gustav Schade (Otto Francke) in Berlin N.

ISBN 978-3-642-51806-5   ISBN 978-3-642-51846-1 (eBook)
DOI 10.1007/978-3-642-51846-1
Softcover reprint of the hardcover 1st edition 1887

Inhaltsverzeichniss.

Einleitung.

Zweck vorliegender kleinen Schrift ist es, einem sich
immer mehr fühlbar machenden Mangel an einer quantitativen
Bestimmungsmethode für Holzschliff im Papier durch Veröffent-
lichung eines Verfahrens abzuhelfen, dessen Auffindung für
mich sowohl in technischer als auch in wissenschaftlicher Beziehung ein interessantes Problem war, um so mehr als alle
dahin zielenden Versuche bisher an der Schwierigkeit desselben
gescheitert sind.

Nach Anstellung zahlreicher Untersuchungen, welche weit
über hundert Papier-Analysen und eine sehr grosse Menge
nothwendiger Nebenbestimmungen umfassten, gelang es mir,
ein Verfahren ausfindig zu machen, welches brauchbare und
zuverlässige Resultate bei der quantitativen Bestimmung des
Holzschliffes liefert, sodass ich den Muth habe, dasselbe hierdurch der Oeffentlichkeit zu übergeben.

Obwohl die Arbeit in erster Linie die quantitative Bestimmung des Holzschliffes bezweckt, konnte ich doch die
qualitative Untersuchungsmethode nicht mit Stillschweigen
übergehen, weil die Genauigkeit der quantitativen Methode
derartig von der qualitativen abhängig ist, dass letztere sich
als nothwendige Vorprüfung der ersteren naturgemäss ergiebt.

Der Zusammenhang der beiden Untersuchungsweisen tritt
sofort bei der Erwägung hervor, dass die qualitative Prüfung
es allein ermöglicht, die Art der Holzfaser festzustellen, sie

giebt Auskunft darüber, ob in einem Papier neben anderen Faserstoffen Fichten-, Tannen-, Kiefern- oder Espen-Stoff vorhanden ist, was selbstverständlich auf den Harzgehalt des betheiligten Holzschliffes und auf die Bestimmung des vegetabilischen Leims von Einfluss ist, und dass sie somit das Resultat der quantitativen Analyse direct berührt.

Aus letzterem Grunde habe ich die qualitative ,Untersuchungsweise, sowohl auf chemischem als auch auf physicalischem Wege, in Kürze besprochen, wobei ich allerdings z. Th. aus der grossen Quelle bekannter Thatsachen schöpfen musste; ich habe mich indessen auch hierbei bemüht, nur das anerkannt Beste und absolut Nöthige wiederzugeben; einiges Neue aber, hoffe ich, wird der aufmerksame Leser auch in diesem Theile der Arbeit finden und bei eigenen Untersuchungen vielleicht nicht ohne Vortheil beachten.

Auf den Aschengehalt der Papiere und der betheiligten Bestandtheile musste natürlich, soweit sie die Bestimmungen der Faserstoffe und speciell des Holzschliffes berühren, auch Bezug genommen werden; es ist indessen hier nur auf Papiere mit feuerbeständigen Erden Rücksicht genommen, weil einmal nur solche als Probepapiere zur Untersuchung vorlagen, und weil ferner Papieruntersuchungen, welche mit Aschenanalysen combinirt werden müssen, sich einfach in eine qualitative und eine quantitative Analyse zergliedern, welche keine Schwierigkeiten darbieten, besonders aber deshalb, weil es hier nur auf die Bestimmung des schwierigsten Factors, des Holzschliffes, ankam.

Nicht unerwähnt kann ich an dieser Stelle lassen, dass die Lösung der Aufgabe, den Holzschliffgehalt quantitativ zu bestimmen, von einem zweiten Probleme abhängig war, nämlich von der Herstellung genau zusammengesetzter Probepapiere, welches Herr Sembritzki, Director der K. K. privilegirten österreichischen Papierfabriken zu Schlöglmühl in bisher noch nicht erreichter technischer Vollkommenheit gelöst hat, sodass ihm hierfür allseitig die grösste Anerkennung gebührt.

Trotz der mancherlei Schwierigkeiten, welche ich bei der Auffindung der quantitativen Untersuchungsmethode kennen zu lernen hatte, und welche mich an meine Unzulänglichkeit des Oefteren erinnerten, war es mein Streben, die seither in der technischen Chemie bestehende Lücke durch eine Arbeit auszufüllen, welche allen, welche sich mit der chemischen Untersuchung des Papieres beschäftigen, von Nutzen sei.

In wie weit mir dieses gelungen ist, mögen nachsichtige Sachverständige beurtheilen.

Qualitative Bestimmung des Holzschliffes im Papier.

A. Auf chemischem Wege.

Kommt es nur darauf an, festzustellen, ob in einem vorliegenden Papier überhaupt Holzschliff enthalten ist, so genügt es, das betreffende Papier mit einigen Chemicalien zu behandeln, welche mit den nur der verholzten pflanzlichen Zelle eigenthümlichen Bestandtheilen in Wechselwirkung treten und Farbenreactionen geben, welche reine Cellulose, wie die Leinen- oder Flachs-Faser oder chemisch ganz reiner Zellstoff, mit denselben Chemicalien behandelt, nicht zeigen.

Die Wirkung dieser Chemicalien ist mithin nicht nur ein mechanisches Eindringen in die zarte Membran der Pflanzenfaser, sondern besteht auch in der Verdeutlichung der Structur der vegetabilischen Substanz durch Färbung derselben, wodurch dieselbe mit den sie umgebenden farblosen Elementen contrastirt. Die chemische Action dehnt sich hierbei, wie es scheint, nur auf die incrustirenden Bestandtheile, Coniferin, Vanillin und andere noch nicht genau erforschte Verbindungen und Körper des Pflanzengewebes aus, wogegen sich die nicht verholzten Zellen gänzlich indifferent verhalten.

Von der grossen Anzahl der chemischen Körper, welche mit verholzten Pflanzenzellen derartige Farbenreactionen geben und welche daher als Prüfungsmittel auch für Holzschliff angesehen werden, seien folgende besonders erwähnt:

1. Phloroglucin[1]) und Salzsäure färbt verholzte Pflanzenzellen roth (Wiesner);
2. Schwefelsaures Anilin[2]) gelb (Wiesner);
3. Naphtylamin und Salzsäure orangegelb;
4. Salzsaures Anthracen[3]) roth (Kielmeyer);
5. Salzsaures Phenol[4]) bläulich grün (Runge);
6. Concentrirte Salzsäure[5]) violett (Wagner);
7. Wässriger Kirschholzextract[6]) violett (Dippel);
8. Pyrrol und Salzsäure[7]) purpurroth (Niggl);
9. Indollösung und Schwefelsäure[8]) kirschroth (Niggl);
10. Pyrogallussäure und Zinnchlorid[9]) dunkelviolett (Reichl);
11. Salpeterschwefelsäure braunroth;
12. Alkoholische Cochenillelösung[10]) roth (Zoolog. Stat. z. Neapel);
13. Carminsaures Ammoniak[11]) carminroth (Hartig);
14. Haematoxylinlösung[12]) blauviolett (Böhmer), hieran schliessen sich noch zwei Reagentien von specieller Bedeutung;
15. Salpetersäure und chlorsaures Kali[13]), sogenanntes

---

[1]) Dingl. Polyt. Journ. Bd. 227. S. 397, 584. Bd. 228. S. 173.

[2]) Dingl. Polyt. Journ. Bd. 202. S. 156.

[3]) Dingl. Polyt. Journ. Bd. 227. S. 584.

[4]) Journ. f. pract. Chem. 1850. Bd. 51. S. 95.

[5]) Dingl. Polyt. Journ. Bd. 228. S. 174.

[6]) Dippel, Grundzüge d. Allgem. Mikroskop. 1885. S. 327.

[7]) ebenda.

[8]) ebenda.

[9]) Ber. d. österr. chem. Gesellsch. 1883. S. 6. — Dingl. Polyt. Journ. Bd. 248. S. 259.

[10]) Dippel, Grundzüge d. Allgem. Mikroskop. 1885. S. 331.

[11]) ebenda S. 328.

[12]) ebenda S. 331.

[13]) ebenda S. 316.

Schulze'sches Macerationsgemisch, dient mikroskopisch zur Isolirung der verholzten Pflanzenzellen, und

16. Salzsäure in Verbindung mit Aetzkali und Schwefelsäure[1]), dient nach Kabsch gleichen Zwecken, besonders isolirt es die sogenannten tertiären Verdickungsschichten verholzter Zellstoffhülsen von Laubhölzern.

In neurer Zeit wird auch salzsaures Orcin zum Nachweis der Holzfasern empfohlen, die Färbekraft ist indessen nicht intensiv genug, die Reaction besteht in einer fleischfarbigen bis violetten Farbenwirkung, die besonders beim Trocknen hervortritt.

Auch ein sehr empfindliches Reagenspapier ist letzthin von Dr. C. Wurster zur Prüfung auf Holzschliff hergestellt worden, welches mit Dimethylparaphenylendiamin imprägnirt ist und die Eigenschaft besitzt, das Untersuchungspapier bei Gegenwart von Holzschliff roth zu färben. Herr Dr. Wurster sagte darüber in der Deutsch. Chemischen Gesellschaft[2]): „Presst man das befeuchtete Dimethylparaphenylendiaminpapier zwischen ein holzschliffhaltiges Blatt, so färbt sich dieses tief fuchsinroth. Das nur harzhaltige Papier färbt das Diderivat nur zart rosa." Die chemische Fabrik von Dr. Schuchard in Görlitz bringt dieses Reagenspapier neuerdings in den Handel.

Mit den vorgenannten Chemicalien ist die grosse Reihe der auf Holzfaser wirksamen Agentien noch keineswegs erschöpft, doch bietet die Aufzählung aller bisher angewandten Mittel kein besonderes Interesse.

Bei der grossen Bedeutung, welche die quantitative Bestimmung des Holzschliffes im Papier zur Zeit hat, habe ich es für geboten gehalten, wenigstens die wichtigsten Körper

---

[1]) Dippel, Grundzüge d. Allgem. Mikroskop. 1885. S. 316.

[2]) Ber. d. deutsch. chem. Gesellsch. XIX. S. 3217, vergl. auch die vorherigen Aufsätze ebenda.

anzugeben, zumal sie bei sehr genauen, wie z. B. gerichtlich chemischen Untersuchungen, sei es zur Untersuchung verschiedener Papiere oder zur Identificirung nur eines, ausschlaggebend sein können; aus diesem Grunde erschien es mir auch nicht überflüssig, auf die bezüglichen Quellen, soweit ich sie ermitteln konnte, hinzuweisen, wodurch dem Untersucher in einzelnen Fällen noch speciellere Reactionen zur Kenntniss kommen werden, die für ihn werthvoll sein können.

Die sub 16 angegebene Kabsch'sche Reaction ist besonders beachtenswerth, indem sie als Unterscheidungsmittel für Laub- und Nadel-Holzarten, mithin auch deren Holzschliffen dienen kann.

Unter den angeführten Chemicalien befinden sich viele, welche ohne Weiteres die Farbenreaction bei der Betupfung eines holzhaltigen Fasergemisches, mithin auch eines Holzpapieres, geben, andere wirken erst nach längerer Zeit, oder beim Erwärmen oder beim Eintrocknen, einige davon eignen sich überhaupt nicht für eine makroskopische, sondern nur für die mikroskopische Untersuchung, auf die ich später noch eingehender zurückkommen werde.

Im Allgemeinen werden die ersten drei Chemicalien, salzsaures Phloroglucin, schwefelsaures Anilin und salzsaures Naphtylamin für den qualitativen Nachweis von Holzschliff in einem Papier genügen.

Die Ausführung der Prüfung besteht darin, dass man einen Tropfen des gelösten Chemicals mit einem Glasstabe auf das zu untersuchende Papier bringt und ihn auf demselben möglichst vertheilt, wobei man darauf achtet, ob schnell oder langsam, noch feucht oder erst trocken, eine Farbenerscheinung, wie angegeben, eintritt. Meistens wird man, um seiner Sache ganz gewiss zu sein und besonders dann, wenn eine Farbenreaction nicht recht deutlich hervortrat, verschiedene Chemicalien anwenden; auch ist es gut, wenn man die Papiere erst an der geleimten oder stark satinirten Oberfläche mit einem Messer anschabt, wodurch die Chemicalien leichter und schneller in die innere Faserschicht eindringen können.

Sehr starke Leimung des Papieres kann das Durchschlagen oder Eindringen der Agentien ganz verhindern, in diesen Fällen muss ein Stückchen des Untersuchungspapieres zunächst entleimt werden, indem man es mit Wasser kocht und darauf mit verdünnter Salzsäure und Alkohol behandelt, nach dem Trocknen unterwirft man es alsdann der erwähnten Prüfung auf Holzschliff.

Verhält sich ein Papier diesen Chemicalien gegenüber ganz indifferent, d. h. behält es seine ursprüngliche Farbe, so kann man es als holzstofffrei ansprechen.

Hierbei ist aber zu bemerken, dass auch holzschlifffreie Papiere, wenn auch nur in geringem Maasse, mit diesen Chemicalien die Farbenreactionen geben können, und zwar dann, wenn diese Papiere zum grössten Theil aus Natron- oder Sulfit-Cellulose bestehen, was in neuerer Zeit auch bei feineren Papieren schon der Fall ist. Der Grund dafür ist der, dass es selbst auf chemischem Wege schwer ist, die Holzcellulose von allen incrustirenden Bestandtheilen zu reinigen, und Spuren derselben selbst in den reinsten Handelsmarken zu finden sind. Oft durchgewaschene Leinen- oder Flachs-Hadern geben allein gegen die genannten Chemicalien absolut indifferente Cellulose.

Bei einer sehr geringen, schwachen Farbenreaction darf man daher nicht ohne Weiteres auf die Gegenwart von Holzschliff schliessen, muss vielmehr noch durch mikroscopische Prüfung den Grund der Färbung ermitteln.

Schon früher habe ich in der Fachlitteratur hierauf aufmerksam gemacht, die Sache ist aber wohl von anderer Seite wenig beachtet worden, ich habe indessen diese Versuche fortgesetzt und meine frühere Beobachtung bestätigt gefunden.

Untersucht wurden von mir nach dieser Richtung

1. Sulfitcellulose von Simonius & Co. in Wangen;
2.   -   - Ritter-Kellner in Podgora bei Görz;
3.   -   - Kübler u. Niethammer in Kriebstein;
4.   -   - Tillgner & Co. in Ziegenhals;
5. Natroncellulose aus Altdamm;
6.   -   - Danzig;
7.   -   - Malmoe;

Alle diese Cellulosesorten gaben mit den angegebenen Chemicalien schwache Farbenreactionen, obwohl sie von tadelloser Beschaffenheit waren und vorzügliche Handelsmarken repräsentirten.

In weniger guten Cellulosesorten habe ich durch mein quantitatives Verfahren noch unaufgeschlossenes Holz bis zu $5,5^0/_0$ gefunden, hierbei war die Farbenreaction schon ziemlich stark.

Man sieht hieraus, dass das Ausbleiben der Farbenreaction wohl die Abwesenheit, eine schwache Farbenreaction aber nicht nothwendig die Gegenwart von Holzschliff beweist.

Bei gefärbten Papieren muss man noch vorsichtiger sein, und ist bei diesen die mikroskopische Prüfung ganz unentbehrlich.

Die chemische Prüfungsart, die für viele Fälle schon von entscheidender Bedeutung sein kann, genügt indessen dann nicht, wenn es auch darauf ankommt, zu erfahren, was für eine Art von Holzschliff vorliegt.

Hier sowohl, wie bei den bereits angedeuteten und complicirten Fällen muss die entschieden wichtigere mikroskopische Untersuchungsweise angewendet werden.

Wie wir aber sehen werden, nimmt bei dieser physicalischen Methode auch die chemische unter Umständen hervorragend Theil, so dass ihr Werth durchaus nicht fraglich bleibt.

B. Auf physicalischem Wege.

Hat die chemische Färbemethode, wie wir gesehen haben, den Zweck, die Qualität der Faserstoffe eines Papieres im Allgemeinen festzustellen, so hat die physicalische Untersuchung mittelst des Mikroskopes auch noch die Aufgabe, die Qualität der Faserstoffe im Speciellen zu erforschen, sie erlaubt daher nicht nur über Anwesenheit oder Abwesenheit von Holzschliff, sondern auch über die Art der Faserstoffe selbst ein Urtheil zu fällen. Die mikroskopische Untersuchung ist daher die wichtigste Vorprüfung für die quantitative Bestimmungsmethode, und ist letztere ohne dieselbe nicht im Stande, denjenigen Grad von Genauigkeit zu erreichen, welcher für die Prüfung eines Papieres in vielen Fällen erforderlich ist.

Von den in den heutigen Papieren vorkommenden Holzarten sind es besonders vier, welche ihres häufigen Vorhandenseins wegen von speciellem Interesse sind, es sind dieses die Holzschliffe der Kiefer, der Fichte, der Tanne und der Espe.

Diese vier Holzarten sind besonders in deutschen Papierfabrikaten zu finden; in belgischen finden sich auch Buchen- und Birkenschliffe, werden aber bereits durch ausländische Nadelholzschliffe verdrängt. Der früher bisweilen im Papier vorkommende Erlenstoff ist seiner rostbraunen Farbe wegen nur noch in ordinairen Papiersorten zu finden und hat untergeordnete Bedeutung.

Man wird gut thun, sich Holzschliffe dieser Holzarten zu verschaffen und sich Präparate für die mikroskopische Untersuchung herzustellen, bevor man an die Prüfung eines mit Holzschliff versetzten Papieres selbst herantritt.

Infolge des Schleifprocesses werden die Holzfasern in der Regel in der Längsrichtung von einander getrennt, das mikroskopische Bild derselben fällt daher meist mit dem eines Längsschnittes der betreffenden Holzart zusammen; da aber durch die rohe mechanische Zerschleifung immer ein Theil der Fasern verletzt und in kleine und kleinste Theilchen zersplittert wird, so kommen solche auch in der Querrichtung zur Ansicht, das mikroskopische Bild derselben entspricht alsdann dem eines Querschnittes durch die betreffende Holzart.

Bei den den Längsschnitten entsprechenden Holztheilchen muss man ferner wieder die dem Tangential- und die dem Radialschnitte entsprechende Formation der einzelnen Zellen und Gefässe unterscheiden, und so liegt es in der Natur der Sache, dass das mikroskopische Bild der Holzfasern ein sehr mannigfaltiges ist und sehr sorgfältig durchmustert werden muss, wenn es zur Feststellung einer bestimmten Holzart dienen soll. Man muss daher auf alle diejenigen Merkmale besonders achten, welche in histologischer Beziehung bei Längs- und Querschnitten für die einzelnen Holzarten charakteristisch sind.

Von den Coniferenhölzern ist das Kiefernholz unter dem Mikroskop am leichtesten erkennbar.

Die Kiefer oder Weissföhre (Pinus silvestris L.) und somit auch der aus ihr hergestellte Holzschliff zeigt als Radiallängsschnitt unter dem Mikroskope langgestreckte Holzzellen, welche mit runden oder rundlichen, einseitigen, gehöften Tüpfeln besetzt sind. Diese Tüpfel sind im Frühlingsholz, das sind die im Frühjahr entstandenen weiteren und zarteren Holzzellen, häufiger und besonders in der Richtung der Markstrahlzellen vorhanden; im Herbstholz, den stärkeren und mehr verdickten Holzzellen, treten die Tüpfel zwar sparsamer auf, finden sich aber auch in der zu den Markstrahlen senkrechten Richtung vor. Die Markstrahlzellen, welche sich rechtwinklig mit den langgestreckten Holzzellen schneiden oder kreuzen, bilden auf der Fläche des Radialschnittes leiterartige Gebilde. Die äusseren Markstrahlzellen, das sind die an den äussseren, oben oder unten verlaufenden Markstrahlen liegenden Zellen, haben zackenartig verdickte Wandungen und heissen deshalb Zackenzellen, die inneren, dazwischen liegenden Markstrahlen, deren Wandungen nicht mit Zacken besetzt, aber immerhin noch stark sind, schliessen grosse Poren ein und zwar meistens so, dass auf jedem Kreuzungsfeld von Holzzellen und den Markstrahlen eine solche Pore von eckiger oder abgerundeter Form liegt, welche fast das ganze Kreuzungsfeld einnimmt. Das Vorhandensein von meistens nur einer solchen grossen, einfachen Pore auf dem Kreuzungsfelde, sowie das Vorkommen der Zackenzellen sind für das Kiefernholz die wichtigsten und entscheidensten Merkmale. Ausserdem ist das Holz der Kiefer reich an vertical und horizontal verlaufenden Harzgängen.

Das Holz der Fichte, Rothtanne oder Pechtanne (Pinus Abies L., Picea excelsa Lk., Pinus Picea Duroi, Abies Picea Mill., Abies excelsa D. C.) und der Holzschliff derselben bietet als Radialschnitt unter dem Mikroskop ein dem vorgenannten sehr ähnliches Bild dar. Die Holzzellen sind gleichfalls reichlich mit runden behöften Tüpfeln besetzt und schneiden sich senkrecht mit den Markstrahlen; die Wanddicke der letzteren ist aber bedeutend geringer als bei denen der Kiefer. Die äusseren Markstrahlen schliessen behöfte Tüpfel-Poren, die inneren dagegen einfache enge Poren ein, und zwar ist die Durchschnittszahl der auf den Kreuzungsfeldern mit den Holzzellen vorkommenden Poren vier; es kommen zwar auch zwei, drei, fünf oder sechs solcher Poren vor, vorherrschend aber sind sie zu vier gruppirt, und dieser Umstand ist für die Auffindung des Fichtenstoffes von Ausschlag gebender Bedeutung. Bei der Zählung der Poren im Kreuzungsfelde muss man darauf achten und sich durch hohe und tiefe Einstellung davon überzeugen, dass man nicht die durchschimmernden Poren einer gegenüberliegenden, darunter befindlichen, Holzzelle mitzählt, auch kommen als Inhaltsbestandtheile der Markstrahlzellen Stärkekörnchen vor, welche mit den engen Poren nicht verwechselt werden dürfen.

Leicht von dem Holze der Kiefer, aber weniger leicht von dem der Fichte ist in histologischer Beziehung das Holz der Tanne zu unterscheiden.

Die Tanne, Edeltanne, Weisstanne oder Silbertanne (Abies alba Mill., Pinus Abies Duroi, Abies pectinata D. C., Pinus Picea L.) und der aus ihr hergestellte Schleifstoff zeigt, als Radialschnitt betrachtet, unter dem Mikroskop im Allgemeinen ein den anderen Coniferen sehr ähnliches Verhalten, die Tracheiden sind mit gehöften grossen Tüpfeln zahlreich besetzt, die Markstrahlen, auch die äusseren, schliessen mit den Holzzellen auf den Kreuzungsfeldern aber nur einfache Poren ein, Zackenzellen fehlen ebenso wie bei der Fichte, die Wanddicke der Markstrahlen ist bedeutender als bei der Fichte, aber geringer als bei der Kiefer. Auf den Kreuzungsfeldern der Markstrahlen mit den Holzzellen liegen meistens nur zwei kleine einfache Poren, niemals finden sich, wie bei der Fichte, deren fünf oder gar sechs, vier Poren kommen zwar vereinzelt vor, indessen ist die Gruppirung zu zweien die vorherrschende Form und für das Tannenholz charakteristisch. Man sieht, dass das, was bei der einen Holzart als Regel, bei der anderen als Ausnahme gilt. Harzgänge fehlen bei der Tanne gänzlich.

Ganz abweichend in Structur und Organisation von dem des Coniferenholzes ist das Holz der Espe oder Aspe (Populus tremula L.).

Der Espenholzschliff weist unter dem Mikroskop Gefässzellen auf, deren Querwände partiell durchlöchert sind, während die Längswände mit kleinen sechsseitigen gehöften Tüpfeln, ähnlich den Wachszellen, bedeckt sind; die einzelnen Holzzellen sind nicht stark verdickt und haben eine dünne Wandung, auf den Kreuzungsfeldern der Markstrahlen mit den Holzzellen liegen keine Poren. Das gesammte Bild ist so abweichend von denen der Nadelhölzer, und die einzelnen Merkmale sind so entschieden ausgeprägt, dass die mikroskopische Auffindung dieser Holzart keine Schwierigkeiten bietet.

Sollten andere Holzschliffe als die genannten in einem Papiere vorhanden sein, was zwar nicht sehr häufig sein dürfte, immerhin aber möglich ist, so ist die einschlägige Litteratur[1], ohne deren Zuhilfenahme derartige Arbeiten überhaupt nicht gedeihlich sein dürften, zu Rathe zu ziehen.

Am besten beobachtet man die einzelnen Kennzeichen bei einer 200 bis 300 fachen Linearvergrösserung, bei welcher sie sehr deutlich zur Anschauung gelangen.

Da die einzelnen Holzzellen keilartig in einander geschoben sind, was besonders bei den Nadelhölzern recht deutlich hervortritt, so sind die einzelnen Tüpfel, je nachdem sie in weiten oder engen Theilen einer Zelle liegen, grösser oder kleiner; dennoch kann man, wenn man die am meisten im Gesichtsfelde vorhandenen und die grössten derselben in den engeren Kreis der Untersuchung zieht, auch Messungen der natürlichen Tüpfelgrössen zur Bestimmung der Holzarten mit Erfolg anwenden.

---

[1] Besonders empfehlenswerth sind Moeller, Beiträge zur vergleichenden Anatomie des Holzes, separat erschienen und in der Denkschrift der mathematisch-naturwissenschaftlichen Classe der Kaiserlichen Academie der Wissenschaften in Wien. Bd. XXXVI (1876). pag. 305; ferner J. Wiesner, Rohstoffe des Pflanzenreiches. Wien 1873. pag. 290, resp. Leipzig 1873. pag. 620. Nicht selten findet man auch in der Litteratur abweichende Angaben, namentlich über den anatomischen Bau des Fichten- und des Tannen-Holzes, man muss daher besonders die lateinischen Namen nach Linné, De Candolle, Miller etc. beachten, die deutschen Bezeichnungen sind nicht allgemein üblich und geben zu Verwechselungen Anlass.

Ich habe von den vier genannten Holzarten die natürliche Grösse der durchschnittlich und der im Maximum beobachteten Tüpfel bestimmt und gefunden:

für Fichtenstoff durchschnittliche Tüpfelgrösse 0,0172 Millimeter, im Maximum 0,0196 Millimeter,

für Tannenstoff durchschnittliche Tüpfelgrösse 0,0193 Millimeter, im Maximum 0,0200 Millimeter,

für Kiefernstoff durchschnittliche Tüpfelgrösse 0,0209 Millimeter, im Maximum 0,0229 Millimeter,

für Espenstoff durchschnittliche Tüpfelgrösse 0,0086 Millimeter, im Maximum 0,0114 Millimeter.

Die Bestimmung der natürlichen Grösse wurde mittelst eines in Zehntelmillimeter genau getheilten Ocularmikrometers nach vorhergegangener, genau ermittelter Vergrösserung des Mikroskops vorgenommen, die Vergrösserung war hierbei 365 fach linear [1]); jeder Theilstrich des Ocularmikrometers entsprach hierbei für mein Instrument 1,043 Millimeter.

Es ist rathsam, die Bestimmung der natürlichen Grösse, der grösseren Genauigkeit wegen, bei nicht zu kleinen aber auch nicht zu grossen Vergrösserungen vorzunehmen, ich möchte als die zweckmässigste eine 350 bis 400 fache besonders empfehlen. Die natürliche Grösse berechnet sich alsdann nach der Formel:

$$G = \frac{n \cdot t}{V}$$

wobei G die natürliche Grösse, n die Anzahl der deckenden Theilstriche, t die Grösse des Theilstrichs und V die Vergrösserung bedeutet. Deckt z. B. bei den angegebenen Ver-

---

[1]) Die Angaben der Optiker über die Vergrösserungen eines Mikroskopes sind fast niemals genau, sondern nur annähernd richtig, bei vorzunehmenden Messungen muss aber die genaue Vergrösserung ermittelt werden, um allgemein brauchbare Zahlenwerthe zu erhalten. Aus der Unterlassung dieser Bestimmung entspringen die vielfach von einander abweichenden Grössenangaben einzelner Beobachter.

hältnissen ein Tüpfel von Tannenholz genau 7 Theilstriche, so ist bei 365 facher Vergrösserung seine natürliche Grösse:

$$G = \frac{7 \cdot 1{,}043}{365} = 0{,}0200 \text{ Millimeter.}$$

Die wichtigsten Unterscheidungsmerkmale für die vier genannten Holzarten kann man in folgendem kleinen Schema zusammenfassen:

Holzart	Kiefer	Fichte	Tanne	Espe
Durchschnittl. Porenzahl im Kreuzungsfelde	1	4	2	0
Zackenzellen	sind vorhanden	fehlen	fehlen	fehlen
Zellwandung	sehr stark	dünn	stark	dünn
Tüpfelform	rund	rund	rund	sechseckig
Maximale Tüpfelgrösse in Millimetern	0,0229	0,0196	0,0200	0,0114
Harzgänge	viele	wenig	keine	keine

Ist man über das mikroskopische Bild einer bestimmten Holzfaser genau orientirt und kennt man die Unterscheidungsmerkmale der verschiedenen Holzarten, so wird man bei der mikroskopischen Untersuchung eines Papieres nunmehr in der Lage sein, diese Holzfasern mit ihren Eigenthümlichkeiten wieder zu finden und über die Anwesenheit oder Abwesenheit eines bestimmten Holzschliffes ausser Zweifel sein.

Die mikroskopische Untersuchung eines Papieres geschieht nun folgendermassen: Auf einen Objectträger bringe man ein kleines Papierstückchen, welches man zweckmässig in feuchtem Zustande, allseitig bezupfend, abreisst; es ist gut, wenn man die Umrisse nicht durch eine Scheere oder Messer scharf beschneidet, damit man die Fasern möglichst wenig verletzt. Das Papierstückchen wird durch einen Tropfen destillirten Wassers zum Schwimmen gebracht und durch ein stärkeres Deckglas bedeckt; alsdann wird es bei einer 60 bis 100 fachen Linearvergrösserung im Mikroskop beobachtet. Hierbei wird man meistens nur die Rauhheit der Oberfläche, sowie die Faserrichtung hervortreten sehen, an den zerzupften Rändern wird man indessen schon deutlich einzelne Fasern erblicken und bei hohem Holzschliffgehalt kann man bereits gröbere Unterschiede unter den einzelnen Fasern wahrnehmen; man bemerkt in Sonderheit gerippte, gestreifte, zersplitterte, rauhe, glatte etc. Fasertheilchen und kommt so zu dem Schluss, dass ein homogenes Papier nicht vorliegt.

Das Object wird nunmehr durch ein Aufklärungsmittel, wie Terpentin, Glycerin, Cedernöl etc. aufgehellt und bei derselben Vergrösserung von Neuem durchmustert. Dasselbe erscheint dadurch selbst in den dichtesten Schichten aufgeklärt, und man sieht bereits die durcheinander gehenden und doch verschiedenartigen Fasern im Bilde verlaufen, an den Rändern erblickt man sogar die für manche Holzarten characteristischen Merkmale schon angedeutet und kann man jetzt zu den stärkeren Vergrösserungen 150, 200, 250 etc. übergehen. Für den mit mikroskopischen Bildern vertrauten Untersucher treten hierbei schon entscheidende Merkmale auf, immer sind es aber die mehr isolirten Randfasern, welche sich zur Untersuchung besonders eignen und das Auge am wenigsten irreleiten. Aus letzterem Grunde verfährt man auch wohl so, dass man das Papierstückchen mit Hilfe zweier Präparirnadeln auf dem Objectglase nochmehr zerzupft, wodurch allerdings mehr derartig isolirte Fasern zur Anschauung gelangen. Gute und für alle Fälle brauchbare Präparate erhält man aber auf diese Weise nie, es verbleiben stets mehr oder weniger verfilzte und dichtere Klümpchen, welche selbst das beste Mikroskop nicht im Stande ist, aufzulösen. Aus diesem Grunde ist eine gründliche Zerfaserung des Papieres zur Herstellung von Präparaten erforderlich, und habe ich mich stets folgenden Verfahrens mit Vortheil bedient.

Ein Stück des Untersuchungspapieres wird in kleine Stückchen zerzupft, welche man in einen kleinen Kolben bringt und mit kaltem [1]) Wasser übergiesst; hierauf bringt man den Kolbeninhalt über einer Gas- oder Spiritus-Flamme zum Kochen. Noch heiss verschliesst man den Kolben durch einen Gummistopfen und schüttelt nun kräftig dessen Inhalt, wobei man zeitweise den Stopfen lüftet, um durch Einlassen von Luft den Kolben vor dem Zersprengen zu bewahren. Es gelingt so nach einiger Zeit, entweder das ganze Papier zu zerfasern, oder doch eine hinreichend grosse Menge der einzelnen Fasern zu erhalten, die man von den noch zusammenhängenden Papierstückchen durch ein grobes Sieb oder dergl. trennen kann. Man lasse nun die Fasertheilchen sich in einem kleinen Becherglase, Reagensgläschen oder Porzellanschale absetzen, giesse das überstehende klare Wasser ab und bringe nun von dem Bodensatz mittelst eines Glasstabes einzelne Fasertheilchen mit Wasser auf mehrere Deckgläschen, wobei man darauf achtet, dass die Fasern möglichst auf dem Glase vertheilt liegen, also nicht zu dichte Gruppen bilden. Die so mit feuchten Fasern betupften Deckgläschen lässt man nun zunächst trocknen [2]) und bringt sie später theils mit Wasser, theils mit Glycerin oder mit einem anderen Aufhellungsmedium auf die Objectgläser und mit diesen unter das Mikroskop, wobei man wieder mit

---

[1]) Die mit kaltem Wasser zum Kochen aufgesetzten Papiere zerfasern sich bedeutend leichter als die gleich mit heissem Wasser behandelten. Bei den mit thierischem Leim geleimten Papieren geht auch der Leim so besser in Lösung, im Allgemeinen aber scheint auch bei nicht geleimten Papieren das allmälig wärmer werdende Wasser eine mechanische Auflockerung der verfilzten Fasern zu bewirken.

[2]) Die auf den Deckgläschen eingetrockneten Fasern gewähren auch den Vortheil, dass sie bei der späteren Untersuchung am Glase haften und nicht schwimmen, daher man sie viel ruhiger beobachten kann.

den schwächeren Vergrösserungen beginnt und allmälig zu den stärkeren übergeht. Bei einigermassen richtig hergestellten Präparaten ist man so in der Lage, die subtilsten Verschiedenheiten der isolirt liegenden Fasern zu erkennen. Alle bereits oben angegebenen, characteristischen Merkmale der einzelnen Holzfasern treten hierbei klar und deutlich zu Tage, so dass ihrer genauen Untersuchung Nichts im Wege steht.

Zwei Nachtheile machen sich aber bei dieser Art der Untersuchung bald fühlbar, die den Beobachter sehr ermüden können. Zunächst ist es die Beleuchtung, die stets gedämpft gehalten werden muss, wenn man nicht zartere Structuren ganz übersehen will, und dann ist es die Gegenwart der dabei betheiligten Faserstoffe, die nicht holzartiger Natur sind, die aber im Gesichtsfelde die Aufmerksamkeit des Beobachters mit in Anspruch nehmen und ableiten.

Aus diesen Gründen hat man die chemische Färbemethode mit der soeben beschriebenen mikroskopischen Untersuchungsmethode combinirt, d. h. man färbt erst die Holzfasern und bringt sie dann mit den ungefärbten Cellulosefasern zur mikroscopischen Ansicht.

Der Vortheil dieser mikrochemischen Methode leuchtet sofort ein, wenn man bedenkt, dass die gefärbten Holzfasern dem durchgehenden Lichte einen grösseren Widerstand entgegensetzen, wodurch sie selbst deutlicher bis in ihre feinsten Structuren hervortreten, und wenn man ferner erwägt, dass man nun nicht mehr auf alle Fasergebilde des Sehfeldes, sondern nur auf die gefärbten Rücksicht zu nehmen hat.

In der That wird hierdurch das mikroskopische Arbeiten derartig erleichtert und gefördert, dass eine exacte Untersuchung ermöglicht wird, welche Nichts zu wünschen übrig lässt.

Die Ausführung dieser mikrochemischen Untersuchung geschieht in der Weise, dass man an den Rand eines mit

Holzfasern betupften und mit Wasser auf das Objectglas gelegten Deckgläschens mit Hilfe eines Glasstabes einen Tropfen salzsaures Phloroglucin oder schwefelsaures Anilin oder salzsaures Naphtylamin etc. etc. bringt und an dem gegenüberliegenden Rand mittelst Fliesspapieres Wasser absaugt, wodurch das Chemical in das Präparat eindringt und seine Farbenreaction äussert; besonders gut eignen. sich hierzu Reagentien, welche die Holzfaser etwas dunkler färben z. B. roth oder violett, weniger gut sind die gelben Farbenreactionen, weil sie zuviel Licht durchlassen. Bei der Anwendung von wässrigem Kirschholzextract, alkoholischer Cochenillelösung, Haematoxylin und carminsaurem Ammoniak kann man auch die eingetrockneten Deckglaspräparate einige Augenblicke auf diesen Reagentien schwimmen lassen, alsdann wäscht man sie vorsichtig mit destillirtem Wasser und lässt sie wiederum trocknen. Hierauf kann man sie theils in Wasser theils in Glycerin etc. auf dem Objectträger zur Untersuchung bringen, auch kann man sie in Canada-Balsam einbetten und sie als Dauerpräparate verwenden. In gleicher Weise wird alkoholische Methylviolettlösung verwendet, indessen sind diese Färbungsmittel nicht sehr lange wirksam, die Farben blassen entweder ab oder sie gehen in missfarbige Nuancen über, durch welche die Präparate erheblich leiden und schliesslich unbrauchbar werden. Als bestes und auch als haltbarstes Färbemittel habe ich das carbolsaure Fuchsin und das carbolsaure Methylviolett befunden, wie sie neuerdings in der mikroscopischen Technik für Bacterienfärbung verwendet werden, die Gegenwart des Phenols trägt wesentlich zur Conservirung der Färbung bei, sodass sich diese beiden Reagentien ganz besonders gut zur Herstellung von Dauerpräparaten eignen. Das Carbolfuchsin oder desgl. Methyl-Violett stellt man sich her, indem man 1 Gramm Fuchsin oder Methylviolett in 10 Gramm absolutem Alkohol löst und zu dieser

Lösung 100 Cubikcentimeter destillirten Wassers, in welchem man vorher 5 Gramm krystallisirte Carbolsäure gelöst hat, hinzufügt.

Die Herstellung dieser, entschieden brauchbarsten und vollkommensten Präparate wird folgendermassen vorgenommen:

Ein Theil des Untersuchungspapieres, oder bei Holzschliffpräparaten des Holzschliffes, wird, wie oben beschrieben, im Kolben zerfasert; die zerfaserte Papier- oder Holzstoff-Masse wird darauf auf ein gewöhnliches kleines Papierfilter gebracht und so von dem Wasser möglichst getrennt; hierauf übergiesst man das Filter nebst Inhalt mit der Carbolfarbelösung bis die ganze Masse roth gefärbt ist, wozu nur wenige Tropfen derselben erforderlich sind, alsdann wird die gesammte Masse mit kochendem Wasser so lange ausgelaugt, bis das Filtrat farblos abfliesst. Von den auf dem Filter verbleibenden Faserstoffen werden nun unter Zusatz von reinem Wasser mittelst eines Glasstabes kleine Stoffproben auf die Deckgläschen vertheilt und gehörig ausgebreitet, worauf man dieselben wiederum eintrocknen lässt. Die Untersuchung unter dem Mikroskop geschieht nun wie gewöhnlich in Wasser oder Glycerin etc. oder, wenn Dauerpräparate hergestellt werden sollen, in Canada-Balsam[1]). Derartig hergestellte Präparate sind ausserordentlich brauchbar und entsprechen allen Anfor-

---

[1]) Bei der Herstellung von Dauerpräparaten durch Einlegen in Canada-Balsam ist zu beachten, dass die porösen Holzfasern die Luft in Bläschenform sehr festhalten; man bringt daher zwei bis drei Tropfen Canada-Balsam auf das mit Fasertheilchen bestrichene Deckglas und erwärmt dasselbe auf einer nicht russenden Flamme, bis der Canada-Balsam schmilzt und beinahe siedet, wobei er sich über das ganze Präparat verbreitet, alsdann deckt man das Deckgläschen auf ein angewärmtes Objectglas und drückt dasselbe fest an. Nach dem Erkalten ist dasselbe befestigt, und reinigt man das nun fertige Präparat durch reinen Alkohol von dem überschüssigen Canada-Balsam.

derungen, welche die mikroskopische Untersuchung mit sich bringt, sodass sie nicht genug empfohlen werden können.

Allerdings ist die Herstellung solcher Präparate etwas mühevoll, allein diese Mühe wird durch die wesentlich erleichterte mikroskopische Durchmusterung derselben reichlich belohnt. Gute Präparate sind überhaupt eine Hauptbedingung für erfolgreiches Arbeiten, und derjenige, welcher sich aus Bequemlichkeit schlechter Präparate bedient, wird niemals im Stande sein, die quantitative Bestimmung des Holzschliffes auszuführen, muss vielmehr die Untersuchung geschulteren Händen Anderer überlassen.

Für die Durchmusterung der gefärbten Präparate ist meist eine stärkere Beleuchtung zu empfehlen, wobei man gerade und schräge Spiegelstellung anwendet; ist man im Besitz eines Abbé'schen Beleuchtungsapparates und einer Sternblende, so kann man das gefärbte Bild auch auf schwarzem Felde beobachten, wobei die silberweissen Cellulosefasern scharf mit den gefärbten Holzfasern contrastiren, letztere aber in ihrem anatomischen Bau besonders zart hervortreten.

Die Untersuchung auf schwarzem Gesichtsfelde eignet sich besonders gut zur Aufsuchung der auf den Kreuzungsfeldern von Holzzellen und Markstrahlzellen liegenden Poren und zu deren Zählung.

Für die mikroskopische Papierprüfung, ganz gleich wie man dieselbe vornimmt, halte ich es zur schnellen und sicheren Orientirung für unumgänglich nothwendig, dass man sich Präparate der einzelnen Holzschliffe und Faserstoffe theils in natürlicher, theils in gefärbter Form als Dauerpräparate herstellt, um sie vorkommenden Falles als Vergleichsobjecte zu verwenden, ebenso sind Schnittpräparate von den einzelnen Holzarten, sowohl gefärbte als ungefärbte, unentbehrlich, welche die characteristischen Merkmale im Quer- und Längs-Schnitt klar und deutlich zur Anschauung bringen und alle diejenigen

Kennzeichen in ihrer normalen und natürlichen Lage zeigen, welche durch den Schleifprocess mehr oder weniger verletzt werden und im Holzschliffpräparat sich gewissermassen nur als Bild der Zerstörung darbieten.

Man hat nun geglaubt, dass man aus der Intensität des Farbenbildes auf die Quantität des im Papierstoff enthaltenen Holzschliffes Rückschlüsse machen könne, was indessen nicht der Fall ist. Es ist natürlich nicht zu leugnen, dass bei einer grösseren Anzahl von gefärbten Holzfasern das Gesammtbild intensiver gefärbt erscheinen muss, als wenn nur wenige derselben vorhanden sind, aber die Unterschiede sind zu gering, um aus der Farbenintensität einen auch nur annähernd richtigen Schluss über den Gehalt an Holzschliff ziehen zu können.

In welcher Weise nun die quantitative Bestimmung des Holzschliffes vorgenommen wird, und welches die Grundbedingungen dieser Methode sind, werden wir in der Folge kennen lernen, wobei wir aber auch Gelegenheit haben werden, uns von der Nothwendigkeit der vorstehenden qualitativen Bestimmungsmethode zu überzeugen.

Quantitative Bestimmung des Holzschliffes im Papier.

Die nachfolgende Methode stützt sich auf die Beobachtung, dass Kupferoxydammoniak Cellulose, je nach ihrer Reinheit, schneller oder langsamer auflöst, d. h. dass chemisch reine Cellulose zu ihrer Lösung weniger Zeit beansprucht als solche, welche, wie der Holzschliff, noch durch Harze oder Incrusterien anderer Art etc. versetzt ist.

Holzschliffhaltige Papiere sind in diesem Sinne zunächst als Gemische zweierlei Cellulosesorten anzusehen, von denen die Hadern-, Natron- oder Sulfit-Cellulose die chemisch reinere, die verschiedenen Holzschliffe dagegen die weniger reine Cellulose darstellen.

Um die verschiedene Löslichkeit dieser beiden Cellulosesorten in Kupferoxydammoniak zu prüfen, mussten Mischungen derselben von genau bekannter Zusammensetzung angefertigt werden, wozu man bestimmte Mengen von absolut trockener, reiner Cellulose (schwedisches Filtrirpapier) mit gleichfalls genau bestimmten Mengen von absolut trocknem Holzschliff verwendete. Die Herstellung solcher Stoffmischungen war indessen sehr zeitraubend und umständlich, und war es daher mit Freuden zu begrüssen, dass sich Herr Director Sembritzki in Schlöglmühl der Aufgabe unterzog, Papiere mit bestimmtem Holzschliffgehalt anzufertigen, welche als Untersuchungspapiere diesem Zwecke trefflichst entsprachen. Herr Sembritzki fertigte dreizehn, stofflich verschieden zusammengesetzte Papiere an und zwar wie folgt:

No. 1. Papier aus 20 Theilen Leinenhadern und 80 Theilen Holzschliff von Fichte;

No. 2. Papier aus 30 Theilen Leinenhadern und 70 Theilen Holzschliff von Fichte;

No. 3. Papier aus 40 Theilen Leinenhadern und 60 Theilen Holzschliff von Fichte;

No. 4. Papier aus 50 Theilen Leinenhadern und 50 Theilen Holzschliff von Fichte;

No. 5. Papier aus 60 Theilen Leinenhadern und 40 Theilen Holzschliff von Fichte;

No. 6. Papier aus 70 Theilen Leinenhadern und 30 Theilen Holzschliff von Fichte;

No. 7. Papier aus 80 Theilen Leinenhadern und 20 Theilen Holzschliff von Fichte;

No. 8, Papier aus 90 Theilen Leinenhadern und 10 Theilen Holzschliff von Fichte;

No. 9.[1]) Papier aus 50 Theilen Leinenhadern, 50 Theilen Holzschliff von Fichte und 13,125 Theilen Erde;

No. 10.[1]) Papier aus 50 Theilen Leinenhadern, 50 Theilen Holzschliff von Fichte und 26,250 Theilen Erde;

No. 11. Papier aus 25 Theilen Natroncellulose und 75 Theilen Holzschliff von Fichte;

Nr. 12. Papier aus 50 Theilen Natroncellulose und 50 Theilen Holzschliff von Fichte;

No. 13. Papier aus 75 Theilen Natroncellulose und 25 Theilen Holzschliff von Fichte.

---

[1]) Bei den Papieren No. 9 und No. 10 ist ursprünglich angegeben, dass sie 15 resp. 30 Theile Erde enthalten, als solche wurde China Clay, d. i. kieselsaure Thonerde, in der Bütte zugesetzt, welche aber nur 87,5 % Trockengehalt hatte, obige Zahlen beziehen sich daher auf absolut trockene Mengen. Vergl. Papier-Zeitung No. 51. 1885.

Von diesen dreizehn Sorten war eine Serie ungeleimt, eine zweite mit Harz im Stoff geleimt und eine dritte sowohl mit Harz im Stoff als auch mit thierischem Leim an der Oberfläche geleimt, so dass eine grosse Anzahl verschiedener Papiersorten hergestellt wurde, welche mir zwar nicht vollständig aber doch grösstentheils zur Verfügung stand.

In diesen Probepapieren war nun ein ganz vorzügliches Material gegeben, um die Löslichkeitsbedingungen der betheiligten Cellulosesorten in Kupferoxydammoniak zu studiren und kennen zu lernen.

Unter Innehaltung möglichst gleicher chemischer und physicalischer Bedingungen, die allerdings z. Th. erst gefunden werden mussten und unter Zuhilfenahme eines physicalischen Kunstgriffes, den ich „Osmose-Verzögerung" genannt habe, gelang es mir, die Löslichkeit so weit zu ergründen, dass dadurch die Auffindung einer allgemein anwendbaren Methode, den Holzschliff in einem Papiere der Quantität nach zu bestimmen, ermöglicht wurde.

Da nun der allgemeine Gang der Untersuchung je nach der Herstellung und der Zusammensetzung der Papiere gewisse Aenderungen erleidet oder gewisse Nebenbestimmungen nothwendig macht, so theilt man zweckmässig die Papiere in bestimmte Gruppen ein, wobei der Gang der Methode auch übersichtlicher hervortritt.

Welcher Gruppe ein Papier zuzutheilen ist, hat die qualitative .Bestimmungsmethode sowie die allgemein erforderlichen Vorprüfungen auf Leim, Stärke, Erden, unorganischen und organischen Farbstoffen etc. zu entscheiden. Für unsere Zwecke genügt es, wenn wir die bei den Sembritzkischen Papieren vorliegenden Verhältnisse berücksichtigen und darnach folgende Gruppen aufstellen:

Gruppe A: Ungeleimte Papiere, nur bestehend aus Leinenfasern oder Cellulose und Holzschliff.

Gruppe B: Ungeleimte Papiere, nur bestehend aus Leinenfasern oder Cellulose, Holzschliff und feuerbeständigen Erden.

- C: Büttengeleimte Papiere, nur bestehend aus Leinenfasern oder Cellulose, Holzschliff und vegetabilischem Leim.

- D: Büttengeleimte Papiere, nur bestehend aus Leinenfasern oder Cellulose, Holzschliff, vegetabilischem Leim und feuerbeständigen Erden.

- E: Büttengeleimte und animalisch geleimte Papiere, nur bestehend aus Leinenfasern oder Cellulose, Holzschliff, vegetabilischem und animalischem Leim und feuerbeständigen Erden.

Dieses vorausgeschickt, wenden wir uns jetzt dem Gange der Untersuchung selbst zu.

Gang der Untersuchungsmethode.

A. Für ungeleimte Papiere, nur bestehend aus Leinenfasern oder Cellulose und Holzschliff.

Circa 0,6 bis 0,8 Gramm Papier werden in 1 Centimeter im Quadrat grosse Stückchen nach Augenmaass geschnitten und in einem Wägegläschen, welches durch eingeriebenen Glasstöpsel gut verschliessbar ist, bei $100^{0}-105^{0}$ C. bis zum constanten Gewicht getrocknet und gewogen. Alsdann bringt man das Papier in einen trocknen, kleinen Glaskolben von ungefähr 320 Cubikcentimeter Inhalt und giesst genau 60 Cubikcentimeter einer Kochsalzlösung hinzu, welche man erhält, wenn man 100 Gramm gewöhnliches Kochsalz in 1 Liter destillirtes Wasser auflöst, vor dem Gebrauch wird diese Lösung zweckmässig noch filtrirt. Nachdem das Papier mindestens eine Stunde in der Kochsalzlösung gelegen hat, so dass es gleichmässig damit durchtränkt ist, wozu man durch

gelegentliches Schwenken und Schütteln des Gefässes noch
beiträgt, setze man 120 Cubikcentimeter einer Kupferoxydammoniaklösung hinzu, welche man sich auf folgende Weise
hergestellt hat.

In Ammoniak von genau 0,905 spec. Gew., welches man
in Eiswasser möglichst kalt hält, trägt man chemisch reines,
blaues, trockenes Kupferoxydhydrat in kleinen Portionen ein,
mit der Vorsicht, dass keine Erwärmung des Ammoniaks,
wodurch dasselbe an Gehalt verlieren würde, stattfinden kann;
die Aufbewahrungsflasche wird gut verschlossen und öfter
geschüttelt, stets aber kalt gehalten. Mit einem von 0,900
bis 1,000 in einzelne specifische Gewichtseinheiten getheilten
Aräometer, mit welchem auch das spec. Gewicht des Ammoniaks ermittelt wurde, wird nun von Zeit zu Zeit das spec.
Gewicht des Kupferoxydammoniaks bestimmt; durch Zuschütten
von trockenem Kupferoxydhydrat oder von Ammoniak von
genau 0,905 spec. Gew. gelingt es, das specifische Gewicht
des Kupferoxydammoniaks genau auf 0,935 zu stellen. Die
klare Lösung wird von dem auf dem Boden des Gefässes
liegenden ungelösten Kupferoxydhydrat abgegossen und in
einer dunklen Flasche gut verschlossen aufbewahrt, sie ist
das Hauptchemical für alle folgenden Bestimmungen.

Von diesem so hergestellten Kupferoxydammoniak werden
nun zu dem Papier in der Kochsalzlösung genau 120 Cubikcentimeter hinzugefügt, hierauf wird der Kolben mit einem
Gummistopfen geschlossen und mit diesen Lösungen 10 Minuten
lang heftig geschüttelt. Diese Zeit muss peinlich innegehalten
werden, man sieht daher in dem Moment nach der Uhr, in
dem man das Kupferoxydammoniak in den Kolben giesst,
nach Ablauf von genau 10 Minuten lüftet man vorsichtig den
Stopfen und giesst zur Abschwächung der Kupferlösung und
zur Verdünnung der Gesammtflüssigkeit 60 Cubikcentimeter
destillirtes Wasser hinein, wobei man zugleich alle Faser-

theilchen, welche am oberen Halse des Kolbens haften, in diesen hineinspült. Hierauf wird der Kolben wieder mit dem Gummistopfen verschlossen und zum Absetzen des Stoffes 10—12 Stunden ruhig stehen gelassen. Während dieser Zeit richte man sich einen Trichter mit Glaswollfilter her, wie ich es auf S. 61 beschreiben werde. Der Trichter wird mit der Glaswolle bis zum constanten Gewicht auf einer feinen Analysenwaage genau gewogen.

Nachdem der Stoff in der Kupferoxydammoniaklösung circa 10—12 Stunden gestanden hat, gelingt es leicht, ihn ohne Verlust auf das Glaswollfilter zu bringen. Um das Aufrühren des Bodensatzes zu vermeiden, spannt man den Kolben am besten in eine horizontal drehbare Klammer am Stativ ein und filtrirt durch das Filter unter ganz allmäliger Neigung des Kolbens; sobald der Bodensatz etwas aufgerührt wird, entfernt man das klare Filtrat und filtrirt nun den Rest für sich; sollten die ersten Tropfen noch trübe durchs Filter gehen, so wird das trübe Filtrat nochmals zurückfiltrirt, den letzten Bodensatz im Kolben bringe man mit gewöhnlichem Ammoniak von circa 0,950 spec. Gew. auf dasselbe Filter; hat man Kolben und Filter zweimal mit Ammoniak gewaschen, so spüle man den Rest der Fasertheilchen, die oft sehr fest am Glase adhäriren, mit destillirtem Wasser aufs Filter, hiermit wäscht man nun Kolben und Filter so lange, bis das Filtrat fast farblos abfliesst oder bis einige für sich im Reagensgläschen aufgefangene Tropfen mit verdünnter Salzsäure keinen Niederschlag von Cellulose mehr geben. Nachdem man mit Wasser ausgewaschen hat, wird der Kolben mit verdünnter Salzsäure auch von den kleinsten Faserresten befreit, am schnellsten, indem man ihn schliesst und mit verdünnter Salzsäure (10 Wasser : 1 Salzsäure) schüttelt. Mit dieser verdünnten Salzsäure wird nun das Filter so lange gewaschen, bis es durch und durch citronengelb aussieht und das Filtrat wasserhell abläuft. Bei dem Waschen mit verdünnter Salzsäure geht das Filtriren, was meistens nur langsam von Statten geht, etwas schneller, namentlich wenn man die Salzsäure etwas erwärmt hat.

Das Filter wird nun mit heissem Wasser gewaschen, alsdann mit ganz verdünntem Ammoniak (einige Tropfen im Waschwasser) von der überschüssigen Säure befreit, wobei die gelbe Farbe in eine hellbraune übergeht, und schliesslich mit kochendem Wasser gänzlich ausgelaugt.

Ist der Trichter vollständig abgetropft, so bringt man denselben auf mehrere Stunden in einen Trockenkasten, den man schliesslich auf 100°—105° C. (nicht darüber) erwärmt. Ist das Filter vollständig trocken, was man auch daran erkennen kann, dass eine kalte darüber gehaltene Glasscheibe nicht mehr beschlägt, so bringe man den Trichter noch heiss in einen gut schliessenden Exsiccator, in welchem man ihn vollständig erkalten lässt, was in circa 1 Stunde erreicht ist. Nach dieser Zeit bringe man den Trichter nebst Inhalt auf die Waage und wäge ihn schnell, bevor er Feuchtigkeit anziehen kann. Letztere Wägung und das Erkalten im Exsiccator ist bis zum constanten Gewicht zu wiederholen.

Auf dem Trichter hat man alsdann den gesuchten Holzschliff, derselbe hat aber durch die chemische Behandlung einen Theil seiner natürlichen Bestandtheile, besonders seinen Harzgehalt, welcher durch das Ammoniak aufgelöst wurde, verloren; dieser Verlust, den ich als „Speciellen Verlust" im Weiteren bezeichnen werde, ist für die Sembritzkischen Papiere zu 2,0131 Procent des vorhandenen Holzschliffes bestimmt worden, mit welcher Zahl daher der oben gefundene entharzte Holzschliff zu corrigiren ist, um den Gehalt des natürlichen Holzschliffes, wie er bei der Herstellung der Papiere verwendet wurde, anzugeben.

Ueber die Bestimmung des speciellen Verlustes und seinen

Einfluss auf die Genauigkeit der quantitativen Bestimmung komme ich später noch eingehender zurück (vergl. S. 52 sqq.).

Ein Beispiel für diese Gruppe, welche die am einfachsten zusammengesetzten Papiere umfasst, möge hier am Platze sein.

Beispiel: Sembritzkisches Papier No. 1, ungeleimt.

Von dem Untersuchungspapier wurde ein kleiner Theil in 1 Quadratcentimeter grosse Stückchen geschnitten und diese in einem Wägegläschen bei einer Temperatur von 100—105° C. bis zum constanten Gewicht getrocknet. Es wog:

$$Wiegeglas + Papier = 22{,}0734 \ Gramm.$$
$$Wiegeglas = 21{,}4535 \quad \text{-}$$
$$abs. \ trocknes \ Papier = 0{,}6199 \ Gramm.$$

0,6199 Gramm Papier wurden in einem trocknen Kolben von 320 Cubikcentimeter Inhalt geschüttet und mit 60 Cubikcentimeter der oben angegebenen Kochsalzlösung übergossen. Nachdem das Papier vollständig durchtränkt war, wozu durch eine Stunde reichlich Zeit gelassen war, wurden zu der Kochsalzlösung und dem Papier 120 Cubikcentimeter des auf 0,935 spec. Gew. gestellten Kupferoxydammoniaks hinzugegeben und nach der Uhr genau 10 Minuten lang der geschlossene Kolben stark geschüttelt. Nach dieser Zeit wurde mit 60 Cubikcentimeter destillirten Wassers verdünnt und der Kolben 12 Stunden ruhig stehen gelassen. Nun wurde durch Glaswolle filtrirt und das Filter in der angegebenen Weise behandelt und bis zum constanten Gewicht bei 100°—105° C. getrocknet. Es wog:

$$Trichter + Glaswolle + entharzter \ Holzschliff = 19{,}0547 \ g$$
$$Trichter + Glaswolle = 18{,}5690 \quad \text{-}$$
$$enth. \ Holzschliff = 0{,}4857 \ g$$

Nun erleidet, wie ich bereits anführte, der Holzschliff der Sembritzkischen Papiere durch die chemische Behandlung den speciellen Verlust von 2,0131 Procent, d. h. es entsprechen 97,9869 Theilen entharzten Holzschliffes 100 Theile des ursprünglichen, natürlichen Holzschliffes, wir haben daher in unserem Falle:

$$97,9869 : 100 = 0,4857 : 0,4957$$

oder mit Worten:

0,6199 Gramm Papier enthalten 0,4957 Gramm Holzschliff. Hieraus ergiebt sich die procentische Berechnung:

$$0,6199 : 0,4957 = 100 : x = 79,8032.$$

Das Resultat der Analyse wäre somit:

$$
\begin{aligned}
\text{Holzschliff} &= 79,8032 \text{ Procent} \\
\underline{\text{Haderncellulose} = 20,1968 \qquad -} \\
\text{in Summa} &= 100,0000
\end{aligned}
$$

Da das Papier seiner Herstellung nach 80 Procent Holzschliff enthalten soll, wäre der begangene Fehler: $\varphi = -0,1968$.

Das Resultat der Analyse entspricht also der synthetischen Darstellung des Papiers.

B. Für ungeleimte Papiere, nur bestehend aus Leinenfaser oder Cellulose, Holzschliff und feuerbeständigen Erden.

Der Gang der Analyse ist dem unter A beschriebenen vollständig gleich, nur hat man aus einem zweiten, absolut trocknen und genau gewogenen Probestücke desselben Papiers eine Veraschung vorzunehmen, um über das Quantum der vorhandenen Erden genau orientirt zu sein. Der Gehalt an Erden wird alsdann für dasjenige Probestück, welches zur Bestimmung des Holzschliffes dient, berechnet. Der so gefundene Erdengehalt verbleibt, weil er sich in der ammoniakhaltigen Flüssigkeit nicht auflöst, beim entharzten Holzschliff auf dem Glaswollfilter, bei der Wägung desselben wird er in

Abzug gebracht, wodurch man den entharzten Holzschliff allein findet, welcher schliesslich mit Hilfe des speciellen Verlustes auf natürlichen Holzschliff umgerechnet wird.

Da mir ein derartiges Papier nicht zur Verfügung stand, so kann ich für diese Gruppe kein Beispiel anführen: dieselbe Bestimmungsweise wiederholt sich aber, wenn auch in complicirterer Form, bei den geleimten und mit Erden versetzten Papieren, und komme ich dort näher darauf zurück.

C. Für büttengeleimte Papiere, nur bestehend aus Leinenfaser oder Cellulose und Harzleim.

Die Untersuchung dieser Papiere bietet keine besonderen Schwierigkeiten dar, der Gang der Analyse bleibt dem unter A beschriebenen vollständig gleich. Man verwendet das harzgeleimte Papier direct zur Holzschliffbestimmung, das überschüssige Ammoniak löst während des Schüttelns alles Harz vollständig auf. Da das Harz meistens mittelst schwefelsaurer Thonerde auf die Faserstoffe niedergeschlagen wird, so verbleibt die Thonerde beim entharzten Holzschliff auf dem Glaswollfilter; da aber der Holzschliff mit verdünnter Salzsäure, wie angegeben, behandelt wird, so löst sich die Thonerde auf und geht in das Filtrat über, somit stört sie die Bestimmung des Holzschliffes garnicht. Um ganz sicher zu sein, dass alle vorhandene Thonerde in Lösung gegangen ist, muss man das Auswaschen mit Salzsäure besonders sorgfältig vornehmen, auch einige Tropfen des wasserklaren, salzsauren Filtrats für sich im Reagensgläschen auffangen und mit Ammoniak auf Thonerde prüfen; erfolgt kein Niederschlag, so kann man überzeugt sein, dass der Holzschliff auf dem Filter vollständig frei von Thonerde ist.

Bei einer completten Analyse des Papieres muss natürlich aus einem zweiten Probestück die quantitative Bestimmung

des vegetabilischen Leims [1]) gemacht werden, und ergiebt eine
ähnliche Rechnung, wie sub B für die Erden angeführt wurde,
den quantitativen Gehalt des vegetabilischen Leims in dem für
die Holzschliffbestimmung verwendeten Papiere.

Die Ausführung der Leimbestimmung werde ich bei der
Gruppe E ausführlicher beschreiben.

Beispiel: Sembritzkisches Papier No. 8 büttengeleimt.

Es wurde gefunden:

$$
\begin{array}{rrl}
\text{Holzschliff} = & 9{,}0927 & \text{Procent} \\
\text{Haderncellulose} = & 81{,}8347 & \text{-} \\
\text{vegetab. Leim} = & 9{,}0726 & \text{-} \\
\hline
\text{in Summa} = & 100{,}0000 &
\end{array}
$$

Der Zusammensetzung nach verhalten sich die Quantitäten
des Holzschliffes und der Haderncellulose wie 1 : 9, und dieses
Verhältniss findet im vorstehenden Beispiel nach Abzug des
Leimgehalts auch thatsächlich zwischen den Faserstoffen statt.

D. Für büttengeleimte Papiere, nur bestehend aus Leinenfaser oder Cellulose, Holzschliff, Harzleim und feuerbeständigen Erden.

Der Gang der Analyse ist im Wesentlichen eine Com-
bination von B und C. Man kann hierbei auf zweierlei Weise
verfahren, entweder indem man für jede der Bestimmungen
von Leim, Erden und Holzschliff ein besonderes, genau gewogenes und getrocknetes Probestück verwendet, oder indem
man aus einem Probestück zunächst den vegetabilischen Leim
bestimmt und aus dem daraus resultirenden Papier durch Veraschung den Gehalt der Erden findet, was ein genaueres Re-

---

[1]) Der auf den Faserstoffen niedergeschlagene Leim ist eine rein
mechanische Mischung von Harz und Thonerde, die Annahme, derselbe sei
harzsaure Thonerde, ist falsch, eine derartige chemische Verbindung giebt
es nicht.

sultat liefert als die umständliche Methode, welche auf der Bestimmung des Aschengehalts des Leims und des Gesammtaschengehaltes basirt; aus dem zweiten Probestück wird alsdann die Holzschliffbestimmung in der angegebenen Weise vorgenommen.

Auch für diese Gruppe stand mir kein Untersuchungsobject zu Gebote, die einzelnen Bestimmungen wiederholen sich aber alle in der nächsten Gruppe.

E. Für animalisch und vegetabilisch geleimte Papiere, nur bestehend aus Leinenfaser oder Cellulose, Holzschliff, animalischem und vegetabilischem Leim, sowie feuerbeständigen Erden.

Der Gang der Untersuchung bleibt auch hier wesentlich derselbe, immerhin aber ist nunmehr die Zusammensetzung des Papieres so complicirt, dass es nicht mehr möglich ist, aus dem Originalpapiere eine directe Holzschliffbestimmung ohne erheblichen Fehler zu machen. Die quantitative Analyse muss hier einem systematischen Gange unterworfen werden, den ich im Folgenden besprechen und an einem Beispiel besonders erläutern werde.

Ein doppelt geleimtes Papier ist durch den thierischen Leim sehr gegen die Einwirkung des Kupferoxydammoniaks geschützt, die Einwirkung desselben würde ungleich mehr Zeit erfordern als, wie angegeben, 10 Minuten; dadurch würde aber auch ein Verlust an Holzschliff unausbleiblich sein, denn ein osmotischer Zustand, wie er durch die Imprägnirung mit der Kochsalzlösung bisher künstlich geschaffen wurde, fällt fort, sobald die Capillaren der Holzfasern von einem so langsam angreifbaren Körper, wie der thierische Leim, erfüllt sind. Zu der Entfernung des thierischen Leims aus diesen Capillarräumen verbleibt aber nur ein einziges Mittel, welches im Uebrigen keine zerstörende oder die Faser angreifende

Eigenschaft besitzt, nämlich destillirtes Wasser. Aus diesem Grunde muss diese Gruppe E zunächst auf die Gruppe D zurückgeführt werden, und obgleich die Bestimmung des animalischen Leims durch Extraction mit Wasser nicht die zuverlässigsten Resultate liefert, so muss sie doch bei der von mir angegebenen Methode innegehalten werden, der so begangene Fehler bezieht sich dadurch mehr auf die Genauigkeit der Leimbestimmung, als auf die Bestimmung des Holzschliffes, worauf es hier besonders ankommt; auch bleibt es unbenommen, die Leimbestimmung aus einem besonderen Probestück auf andere Weise auszuführen.

Den Gang der Untersuchung können wir in folgende Abtheilungen zergliedern:

1. Bestimmung des animalischen Leims,
2.   -   des vegetabilischen Leims,
3.   -   der Erden,
4.   -   des Holzschliffes,
5.   -   der Leinenfaser oder der Cellulose.

Diese Bestimmungen werden nun folgendermassen ausgeführt:

1. Bestimmung des animalischen Leims.

Man schneide sich aus dem zu analysirenden Papier einen viereckigen Streifen, so dass jede Seite vollständig beschnitten ist, heraus, im ungefähren Gewicht von 0,8 bis 0,9 Gramm. Diesen Streifen rollt man zusammen und bringt ihn in ein Wiegegläschen, in welchem man denselben bei 100—105° C. trocknet und darauf wiegt. Hierauf bringe man den Streifen in ein geräumiges Becherglas mit kaltem Wasser, so dass er darin senkrecht steht und vollständig mit Wasser bedeckt ist. Becherglas und Inhalt wird nun über der Lampe erwärmt, bis das Wasser ins Sieden geräth und leichte Wellen schlägt.

Man muss darauf achten, dass eine mechanische Zerstörung oder Zerreissung des Papieres vermieden wird; hat der Streifen daher keine ruhige Lage, so schiebe man einen Glasstab durch seine Umrollung, so dass er nur wenig Bewegung hat und doch unter Wasser bleibt. Die erste Kochung lasse man eine gute halbe Stunde dauern, alsdann giesse man das siedende Wasser vorsichtig ab und ersetze dasselbe durch kaltes und wiederhole die Kochung; bei dieser zweiten Kochung genügt eine Zeit des Siedens von 15 Minuten vollständig. Nach dieser Zeit hebe man den Papierstreifen mit einer sauberen Pincette (nicht aus Eisen) aus dem Wasser heraus und lege ihn mit Hilfe eines Glasstabes flach zwischen mehrere Lagen Fliesspapier (dasselbe darf keine Stärke enthalten), am besten zwischen schwedisches Filtrirpapier.

Ist der Papierstreifen lufttrocken, so rolle man ihn wiederum zusammen, bringe ihn in das Wiegeglas und trockne ihn gleichfalls bei 100—105° C. bis zum constanten Gewicht.

Die Differenz der beiden Wägungen giebt nun den Verlust an animalischem Leim direct an, und sind dadurch alle Daten gegeben, den procentischen Gehalt an animalischem Leim zu berechnen.

2. Bestimmung des vegetabilischen Leims.

Das so erhaltene Papier wird nun in ein geräumiges Reagensglas gesteckt und dieses mit gleichen Theilen von Wasser und Alkohol, wozu man einige Tropfen concentrirte Salzsäure hinzusetzt, soweit gefüllt, dass das Papier vollständig damit bedeckt ist. Das Reagensglas wird nun in ein mit Wasser gefülltes Becherglas gesetzt und letzteres selbst auf kleiner Flamme soweit erwärmt, dass der alkoholische Inhalt des Reagensglases in leichtes Sieden geräth. Nachdem man 15 Minuten hindurch das Papier so behandelt hat, erneuert man die alkoholische Kochflüssigkeit und wiederholt die Operation gleichfalls 15 Minuten lang; nunmehr wäscht man den Papierstreifen im Reagensglase zuerst mit absolutem Alkohol, dann mit destillirtem Wasser, dem man einige Tropfen Ammoniak hinzugesetzt hat, um alle Säure abzustumpfen, und schliesslich mit heissem destillirten Wasser. Das Reagensglas mit dem Papierstreifen bringt man darauf solange in einen Trockenschrank, bis das Papier ohne jeden Verlust leicht aus dem Glase entfernt werden kann, alsdann bringe man es wiederum in das Wiegegläschen und trockne es bei 100—105° C. Die Gewichtsdifferenz dieses Papieres mit dem vorhergehenden giebt das Gewicht des vegetabilischen Leims + dem aus dem Holzschliff extrahirten Harzgehalt an. Die Berechnung des vegetabilischen Leims kann erst nach der Holzschliffbestimmung vorgenommen werden.

Das nach dieser Operation vollständig entleimte und entharzte Papier, welches man dem Gewichte nach genau kennt, wird nun für die Bestimmung der Erden benutzt.

3. Bestimmung der Erden.

Bei der vorläufigen Annahme von nur feuerbeständigen Erden kann die Bestimmung des Aschengehaltes entweder in der Platinspirale oder im gewogenen Platintiegel stattfinden; beide Wege führen zu dem gleichen Resultat, wenn sie bis zum Weisswerden der Asche und bis zum constanten Gewicht angewendet werden. Aus dem Gewicht des ursprünglich angewendeten Papieres und dem soeben gefundenen Aschengehalt wird nun die procentische Berechnung an Erden ausgeführt. Auch für das für die nächste Bestimmung nothwendig werdende zweite Probestück des gleichen Papieres wird der Erdengehalt berechnet.

4. Bestimmung des Holzschliffes.

Von dem doppelt geleimten Papier wird wiederum zuerst das absolute Trockengewicht bei 100—105° C. im Wiegegläschen constatirt, alsdann wird nochmals die Bestimmung des animalischen Leims, wie bereits beschrieben, vorgenommen; zur Controle für die frühere Bestimmung ist es gut, dieselbe genau zu Ende zu führen, absolut nothwendig ist es aber nicht, es genügt, wenn man das von animalischem Leim befreite Papier lufttrocken gemacht hat, um es direct zur Holzschliffbestimmung zu verwenden. Man schneidet es in kleine viereckige Stücke und behandelt es im Kolben in bekannter Weise.

Beim Holzschliff verbleiben wiederum die aus der ersten Probe berechneten Erden, welche man von dem Gewicht des auf dem Filter liegenden Holzschliffes abzuziehen hat. Aus dem so gefundenen entharzten Holzschliff berechnet man mit Hilfe der Bestimmung des speciellen Verlustes den Harzgehalt des Holzschliffes, dieser wird nunmehr von dem bereits gefundenen Summenresultat des vegetabilischen Leims und des Harzes nach Umrechnung auf das früher verwendete Papierquantum in Abzug gebracht, wodurch man schliesslich auch das Quantum des vegetabilischen Leims findet.

Aus den so gefundenen Daten wird alsdann die procentische Berechnung abgeleitet.

5. Bestimmung der Cellulose oder Hadern.

Berechnet man aus den vier vorhergehenden Bestimmungen die procentischen Antheile der einzelnen Bestandtheile und deren Summe, so kann man die Cellulose oder die Hadern als Differenz von Hundert berechnen, man kann aber auch das Filtrat des Kupferoxydammoniaks nach der Befreiung von Holzschliff mit Salzsäure (resp. Essigsäure) bis zur Entfärbung versetzen, aufkochen und durch ein gewogenes Filter filtriren, wodurch man eine directe Bestimmung, die allerdings etwas viel Zeit erfordert, erreicht; das Auswaschen der Cellulose auf dem Filter geschieht zunächst mit destillirtem Wasser, alsdann muss man mit Alkohol nachwaschen, weil durch den Säurezusatz die im Ammoniak gelösten Harze wieder niedergeschlagen wurden, welche nun auf dem Filter durch Alkohol wieder gelöst werden müssen. Hierauf wird das Filter mit der Cellulose bei 100—105° C. getrocknet und darauf gewogen, woraus sich alsdann die procentische Berechnung ergiebt. Im Allgemeinen dürfte die Bestimmung der Cellulose aus der Differenz vorzuziehen sein.

Beispiel: Sembritzkisches Papier No. 10 doppelt geleimt und mit Erden versetzt.

Von dem Papier No. $10^{\times\times}$[1]) wurde ein kleiner vierseitig beschnittener Papierstreifen in ein Wiegeglas gethan und bei 100—105° C. bis zum constanten Gewicht getrocknet; es wog:

$$\begin{aligned} \text{Wiegeglas} + \text{Papier } 10^{\times\times} &= 23{,}1010 \text{ Gramm} \\ \text{Wiegeglas} \phantom{ + \text{Papier } 10^{\times\times}} &= 22{,}1492 - \\ \hline \text{Papier } 10^{\times\times} &= 0{,}9518 \text{ Gramm.} \end{aligned}$$

Diese 0,9518 Gramm Papier wurden nun zweimal, wie angegeben, mit Wasser gekocht und dadurch der animalische Leim extrahirt, das Papier wurde alsdann getrocknet und wieder gewogen, es ergab:

$$\begin{aligned} \text{Wiegeglas} + \text{Papier } 10^{\times} &= 23{,}0830 \text{ Gramm} \\ \text{Wiegeglas} \phantom{ + \text{Papier } 10^{\times}} &= 22{,}1492 - \\ \hline \text{Papier } 10^{\times} &= 0{,}9338 \text{ Gramm.} \end{aligned}$$

Aus der Differenz der Papiere $10^{\times\times}$ und $10^{\times}$ ergiebt sich der animalische Leim:

$$\begin{aligned} \text{Papier } 10^{\times\times} &= 0{,}9518 \text{ Gramm} \\ \text{Papier } 10^{\times} &= 0{,}9338 - \\ \hline \text{Animalischer Leim} &= 0{,}0180 \text{ Gramm,} \end{aligned}$$

d. h. in 0,9518 Gramm Papier $10^{\times\times}$ sind 0,0180 Gramm anima-

---

[1]) Der Abkürzung halber bezeichne $^{\times\times}$ doppelgeleimt

$^{\times}$ vegetabilisch geleimt

$^{\circ}$ ungeleimt und entharzt.

lischer Leim, in 100 Gramm Papier sind mithin 1,8806 Gramm animalischer Leim, somit enthält das Papier 10^{xx} 1,8806 Procent animalischen Leim.

Nun wurden die 0,9338 Gramm Papier 10^{x} zweimal mit Alkohol $+$ Wasser und Salzsäure im Reagensglase zum Kochen gebracht, das Papier alsdann in der angegebenen Weise ausgewaschen, getrocknet und gewogen, man erhielt nun:

$$\text{Wiegeglas} + \text{Papiar } 10^\circ = 23,0318 \text{ Gramm}$$
$$\text{Wiegeglas} = 22,1492 \quad -$$
$$\text{Papier } 10^\circ = 0,8826 \text{ Gramm.}$$

Die Differenz von Papier 10^{x} und Papier 10° ergiebt den vegetabilischen Leim $+$ Harz:

$$\text{Papier } 10^{x} = 0,9338 \text{ Gramm}$$
$$\text{Papier } 10^\circ = 0,8826 \quad -$$
$$\text{Vegetabilischer Leim} + \text{Harz} = 0,0512 \text{ Gramm.}$$

Da man über die Quantität des Harzes, welches aus dem Holzschliff stammt, vorläufig noch nicht orientirt ist, so kann man an dieser Stelle den vegetabilischen Leim auch noch nicht procentisch berechnen, darauf kommen wir später bei der Holzschliffbestimmung zurück.

Das gänzlich entleimte und entharzte Papier 10° von 0,8826 Gramm Gewicht wurde nun im Platintiegel verascht und bis zum constanten Gewicht geglüht, es ergab:

$$\text{Platintiegel} + \text{Asche} = 18,8760 \text{ Gramm}$$
$$\text{Platintiegel} \quad \cdot \quad = 18,6833 \quad -$$
$$\text{Asche} = 0,1927 \text{ Gramm,}$$

d. h. 0,9518 Gramm Papier 10^{xx} enthalten 0,1927 Gramm Erden, mithin enthalten 100 Gramm des Papieres 20,2458 Gramm Erden, d. h. Papier 10^{xx} enthält 20,2458 Procent Erden[1]).

---

[1]) Genau genommen muss noch der Aschengehalt der betheiligten Faserrohstoffe abgezogen werden, derselbe ist aber sehr gering und kann meistens vernachlässigt werden.

Für die noch übrigen Bestimmungen wurde aus demselben Bogen Papier ein zweites Probestück geschnitten, getrocknet und gewogen und zwar wog:

$$\begin{aligned}
\text{Wiegeglas} + \text{Papier } 10^{\times\times} &= 22{,}9895 \text{ Gramm} \\
\text{Wiegeglas} &= 22{,}1492 \quad \text{-} \\
\hline
\text{Papier } 10^{\times\times} &= 0{,}8403 \quad \text{-}
\end{aligned}$$

0,8403 Gramm Papier wurden nun wiederum vom animalischen Leim befreit, man erhielt ein nur vegetabilisch geleimtes Papier $10^{\times}$ von 0,8247 Gramm Gewicht. Diese 0,8247 Gramm Papier $10^{\times}$ wurden nun in circa 1 Quadratcentimeter grosse Stückchen geschnitten und in einem trockenen Kolben von 320 Cubikcentimeter Inhalt mit 60 Cubikcentimeter der Kochsalzlösung übergossen. Um das Anhaften von Luftblasen zu vermeiden, was namentlich bei geleimten Papieren leicht der Fall ist, wurde das Gefäss einige Male tüchtig geschwenkt, darauf aber eine Stunde ruhig stehen gelassen. Nach dieser Zeit wurden 120 Cubikcentimeter der Kupferoxydammoniaklösung hinzugefügt und der geschlossene Kolben 10 Minuten recht lebhaft geschüttelt, alsdann wurden 60 Cubikcentimeter destillirtes Wasser nachgefüllt und zum Absetzen des Stoffes 12 Stunden Zeit gegeben. Nun wurde durch ein gewogenes Glaswollfilter filtrirt, der Rückstand in bekannter Weise ausgewaschen und Trichter nebst Inhalt im Trockenschrank und Exsiccator bis zum constanten Gewicht gelassen. Man fand:

$$\begin{aligned}
\text{Trichter} + \text{Glaswolle} + \text{Holzschliff} + \text{Erden} &= 19{,}0394 \text{ Gramm} \\
\text{Trichter} + \text{Glaswolle} &= 18{,}5640 \quad \text{-} \\
\hline
\text{entharzt. Holzschliff} + \text{Erden} &= 0{,}4754 \quad \text{-}
\end{aligned}$$

Nun hatten wir gefunden, dass 100 Gramm Papier $10^{\times\times}$ 20,2458 Gramm Erden enthalten, mithin müssen die jetzt angewandten 0,8403 Gramm Papier $10^{\times\times}$ 0,1701 Gramm Erden enthalten, nun hatten wir ferner gefunden:

entharzter Holzschliff -+- Erden $= 0,4754$ Gramm
berechnete Erden $\qquad = 0,1701$ -
verbleibt entharzter Holzschliff $= 0,3053$ -

Aus der Bestimmung des speciellen Verlustes für den Holzschliff der Sembritzkischen Papiere wissen wir, dass 97,9869 Theilen entharzten Holzschliffs 100 Theile harzhaltigen, natürlichen Stoffes entsprechen, wir haben daher die Proportion:

$$97,9869 : 100 = 0,3053 : x = 0,3116$$

mithin enthalten 0,8403 Gramm Papier 10^{xx} 0,3116 Gramm natürlichen Holzschliff und 100 Gramm Papier 10^{xx} enthalten 37,0808, mithin enthält Papier 10^{xx} 37,0808 Procent Holzschliff.

Jetzt erst sind wir in der Lage, den Procentsatz des vegetabilischen Leims genau anzugeben.

Wir hatten soeben gefunden, dass 0,8403 Gramm Papier 10^{xx} 0,3053 g entharzten oder 0,3116 g natürlichen Holzschliff enthalten d. h. es sind in 0,8403 Gramm Papier 0,3116—0,3053 Gramm Harz, aus dem Holzschliff herrührend, vorhanden, d. i. 0,0063 Gramm, wir haben daher die Proportion:

$$0,8403 : 0,0063 = 0,9518 : 0,0071,$$

es enthalten also 0,9518 Gramm Papier 10^{xx} 0,0071 Gramm Harz; nun hatten wir ausserdem gefunden, dass 0,9518 Gramm Papier 10^{xx} an Harz und vegetabilischem Leim 0,0512 Gramm enthalten; zieht man von letzterer Summe den soeben berechneten Harzgehalt ab, so verbleiben für den vegetabilischen Leim 0,0441 Gramm, wir haben daher die Proportion:

$$0,9518 : 0,0441 = 100 : x = 4,6333,$$

somit enthält das Papier 10^{xx} 4,6333 Procent vegetabilischen Leim.

Summiren wir jetzt die gefundenen procentischen Antheile der einzelnen Bestandtheile und bestimmen alsdann den procentischen Gehalt an Leinenfaser oder Cellulose aus der Differenz mit Hundert, so finden wir, dass das Papier 10^{xx} an Cellulose oder Hadern 36,1595 Procent enthält.

Das Resultat der Analyse wäre demnach:

animalischer Leim   =   1,8806 Procent
vegetabilischer Leim =   4,6333   -
China Clay   =   20,2458   -
Holzschliff   =   37,0808   -
Cellulose   =   36,1595   -
in Summa = 100,0000   -

Seiner Herstellung nach soll das Papier gleiche Theile von Holzschliff und Cellulose enthalten, und diesem Verhältniss entspricht auch die Analyse fast genau.

Nicht immer werden die Bestimmungen des Holzschliffes in einem Papier so glatt ausführbar sein, als bei den Sembritzkischen Papieren, weil ja die Zusammensetzung heutiger Papierfabricate ungeheure Variationen und Combinationen aller möglichen Rohstoffe mit sich bringt, es ist alsdann der Gang der Untersuchung natürlich ein viel schwierigerer und das Gelingen der Analyse hängt von der Güte der zur Anwendung gelangenden einzelnen Methoden ab; jedenfalls aber wird sich die angegebene Methode für die Bestimmung des Holzschliffes da anwenden lassen, wo man sich über die Zusammensetzung eines Papieres durch chemische und physicalische Vorprüfungen unterrichten kann und letzteres dürfte nur in wenigen Fällen unmöglich sein.

Princip der Untersuchungsmethode.

Das Verfahren der quantitativen Bestimmung des Holzschliffes im Papier beruht in erster Linie auf der grösseren Löslichkeit reiner Cellulose in Kupferoxydammoniak im Gegensatz zu der geringeren Löslichkeit des Holzschliffes. Es treten zu diesem Verhalten aber noch mehrere Momente hinzu, welche auf die Löslichkeitsverhältnisse von directem Einfluss sind.

Zunächst hat die Erfahrung gelehrt, dass bei einer directen Behandlung eines holzschliffhaltigen Papieres mit Kupferoxydammoniak, der darin enthaltene Holzschliff zum grossen Theil mit in Lösung übergeführt wird; die ammoniakalische Flüssigkeit löst nämlich die die Holzfasern schützende Umhüllung von Harz und anderen Körpern sofort auf, und dadurch ist die dem Holzschliff angehörige Cellulose gleichfalls der Auflösung preisgegeben, sodass eine quantitative Bestimmung des Holzschliffes unmöglich wird.

Weitere Versuche lehrten ferner, dass man bedingungsweise günstigere Resultate erzielen konnte, wenn man das Untersuchungspapier zunächst mit Wasser durchtränkte, sodass sich bei dem späteren Zusatz des Kupferoxydammoniaks, vor dem chemischen Angriff der Holzfasern in diesen selbst ein Osmose-Process abspielen musste.

Die dadurch erzielten Resultate waren wie gesagt, günstiger, da indessen die Löslichkeit der Cellulose in Kupferoxydammoniak sich als nicht proportional der Zeit der Einwirkung des Lösungsmittels erwies, und die beiden Flüssigkeiten, Wasser und Kupferoxydammoniak, sich sehr schnell durch Diffusion ins Gleichgewicht stellten, so musste die Viscosität der mischbaren Flüssigkeiten noch so gewählt werden, dass die Endosmose des Kupferoxydammoniaks und die Exosmose das Wassers in den Holzporen so verzögert wurde, dass während der Dauer dieser Doppelströmung die vorhandene ungeschützte Cellulose vollständig in Lösung ging.

Diese Osmose-Verzögerung wurde nun thatsächlich dadurch erreicht, dass man das Untersuchungspapier nicht mehr mit destillirtem Wasser, sondern mit einer Kochsalzlösung durchtränkte, welche sich bei einem Procentgehalt von 9,090909 ... experimentell am geeignetsten erwies. Eine derartige Kochsalzlösung erhält man, wenn man 100 Gramm Kochsalz in einem Liter destillirten Wassers auflöst.

Durch Anwendung dieses physicalischen Kunstgriffes konnte nun die Einwirkung des Kupferoxydammoniaks auf die Papierfasern unbeschadet auf eine Zeitdauer von 10 Minuten ausgedehnt werden, während welcher Zeit die als reine Cellulose vorhandene Papierfaser vollständig in Lösung ging, während der Holzschliff ausser einem geringen, berechenbaren Verlust (specieller Verlust) keine Einbusse erlitt.

Wurde nun nach dieser Zeit das Kupferoxydammoniak, welches durch die Auflösung der freien Cellulose schon erheblich an chemischer Energie verloren hatte, durch eine grössere Verdünnung mit Wasser noch mehr abgeschwächt, so gestalteten sich die Resultate in einer sehr grossen Versuchsreihe ausserordentlich günstig, sodass es nur noch darauf ankam, die einzelnen physicalischen Bedingungen noch mehr zu präcisiren.

Als Resultat dieser Untersuchung ergab sich, dass die Bestimmungsmethode für Holzschliff ausser von den genannten noch von folgenden Factoren abhängig war:

1. von dem specifischen Gewicht des zur Herstellung des Kupferoxydammoniaks dienenden Ammoniaks, welches genau 0,905 betragen muss;

2. von dem specifischen Gewicht des Kupferoxydammoniaks selbst, welches genau 0,935 betragen muss;

3. von den Quantitäten der zur Lösung gelangenden Cellulose und des Lösungsmittels;

4. von der Zeit der Einwirkung des Lösungsmittels auf die Cellulose, welche genau 10 Minuten betragen muss;

5. von der Temperatur, insofern dieselbe auf die specifischen Gewichte der betheiligten Flüssigkeiten von Einfluss ist, daher die auf dem Aräometer angegebene Temperatur zu berücksichtigen ist. Hieran schliessen sich noch specielle Ausführungsbedingungen, auf welche ich noch eingehender zurückzukommen habe.

Bestimmung des speciellen Verlustes.

Schon mehrfach haben wir bei der Berechnung der Sembritzkischen Papier-Analysen von einer Correctur mittelst des speciellen Verlustes Gebrauch gemacht, ohne über das Wesen und die Bedeutung desselben eine genauere Vorstellung zu haben, daher dieser Punkt der Untersuchung einer besonderen Besprechung bedarf.

Der im Papier befindliche Holzschliff erleidet durch die chemische Einwirkung starken Ammoniaks mithin auch durch das Kupferoxydammoniak, je nach seiner Art einen Verlust, der besonders aus Harzen, ätherischen Oelen, Holzgummi[1]), organischen Säuren, Pectinsubstanz und anderen Körpern, deren Natur z. Z. noch nicht endgiltig festgestellt ist, besteht; diesen Verlust habe ich speciellen Verlust genannt, und haben wir seinen Einfluss sowohl bei der Holzschliffbestimmung als auch bei der Bestimmung des vegetabilischen Leims kennen gelernt.

Da die einzelnen Holzschliffarten verschieden reich an durch Ammoniak löslichen und extrahirbaren Stoffen sind, so ist es klar, dass man bei Analysen, bei welchen es auf Genauigkeit ankommt, diesen Verlust möglichst genau kennen muss, um richtige Resultate zu erlangen.

Am genausten wird man den speciellen Verlust, welchen der Holzschliff eines gegebenen Papieres erleidet, direct aus dem zur Herstellung desselben verwandten Holzschliffe bestimmen, aber wenn man ein Papier zu untersuchen hat, wird man wohl nur ausnahmsweise in den Besitz des ursprünglich zugesetzten Holzschliffes kommen können — nur der Papier-

---

[1]) Thomsen, Journ. f. pract. Chem. 1879. Bd. 19. S. 146.
Payen, Compt. rend. 1839. Bd. 8. S. 51.
Vergl. auch Schulze, Jahresber. d. Chem. 1857. S. 491.
Erdmann, Jahresber. d. Chem. 1867. S. 738.

fabricant findet sich auch hier in der glücklichen Lage, seine Rohstoffe genau analysiren zu können — und muss man sich dann aus dem vorliegenden Papier über die Grösse des speciellen Verlustes zu orientiren suchen.

Die directe Bestimmung des speciellen Verlustes aus einem Papier ist dann möglich, wenn entweder ein ungeleimtes holzschliffhaltiges Papier oder ein nur mit animalischem Leim geleimtes Papier vorliegt, wie es bei englischen Papierfabricaten häufig der Fall ist; bei vegetabilisch geleimten Papieren aber kann nur mit Hilfe der mikroscopischen Untersuchung die Art des Holzschliffes constatirt werden, und ist für diese eine erfahrungsmässige Verlustzahl in Rechnung zu bringen.

Für die beiden erstgenannten Papierarten wird der specielle Verlust folgendermassen gefunden:

Das animalisch geleimte Papier wird entleimt und dadurch in ein ungeleimtes übergeführt. Das absolut getrocknete, ungeleimte und genau gewogene Papier wird in 1 Quadratcentimeter grosse Stückchen geschnitten und mit starkem Ammoniak im Kolben tüchtig geschüttelt, man macht gewissermassen eine blinde Analyse ohne Kupferoxydammoniak und behandelt das Papier ganz analog wie es bei der Holzschliffbestimmung angegeben worden ist. Durch diese Operation verliert der im Papier befindliche Holzschliff die in Ammoniak löslichen Bestandtheile, man filtrirt ihn durch ein gewogenes Glaswollfilter oder durch einen mit Platinconus versehenen gewogenen Trichter, wäscht ebenso wie bei der Holzschliffbestimmung aus, trocknet und wiegt; die Differenz der beiden Wägungen ergiebt alsdann den speciellen Verlust.

Aus einem der Sembritzkischen Papiere (No. 5 ungeleimt) wurde so von mir der specielle Verlust ermittelt, und zwar fand ich denselben zu 2,3254 Procent; später hatte Herr Sembritzki die Freundlichkeit, mir auf Wunsch Original-Holzschliff, wie er zur Herstellung der Probepapiere verwendet wurde, zu schicken, und wurde nun der genaue specielle Verlust auf 2,0131 Procent ermittelt. Man sieht, dass beide Werthe ziemlich übereinstimmen, wenigstens würde der Fehler, den man beginge, wenn man die erste Zahl zur Correctur benutzte, nur gering sein.

So berechnet sich z. B. für ein Papier mit 50 Procent entharztem Holzschliff bei der ersten Zahl der natürliche Holzschliffgehalt auf 51,1904 Procent, bei der zweiten Zahl, welche genauer ist, auf 51,0272 Procent; in beiden Fällen würde man das Papier auf 51 Procent Holzschliff ansprechen. Hieraus ersieht man, dass man den speciellen Verlust eines Holzschliffes aus einem Papier ziemlich genau bestimmen kann, ohne den Holzschliff selbst in der Hand zu haben.

Bei den mit vegetabilischem Leim geleimten Papieren kann man aber den speciellen Verlust ihres Holzschliffes nicht direct bestimmen, weil durch die Behandlung mit Ammoniak auch das Harz des vegetabilischen Leims mit in Lösung gehen würde, daher man zu falschen Schlussfolgerungen gelangen muss.

Zur Hebung dieser Schwierigkeit dient wiederum die mikroskopische Untersuchung, mittelst welcher zunächst die Art des bei der Untersuchung betheiligten Schleifstoffes festgestellt wird; für diese Holzschliffart wird alsdann der für dieselbe durchschnittlich geltende Verlust in Rechnung gezogen, wodurch allerdings das Resultat nicht ganz genau ausfallen wird, immerhin aber der Wahrheit bedeutend näher kommen wird, als wenn man den speciellen Verlust ganz vernachlässigen würde.

Um über die Grösse des speciellen Verlustes der einzelnen Holzschliffarten ein Urtheil zu gewinnen, wurden mehrere derselben der Bestimmung des speciellen Verlustes in bekannter Weise unterworfen, und fand ich:

Für Fichtenstoff aus der Fabrik Schlöglmühl = 2,0131 Procent spec. Verlust.

Für Fichtenstoff aus der Fabrik Wildenfels i. S. = 2,4195 Procent spec. Verlust.

Für Tannenstoff[1]) aus der Fabrik Fritzöe i. Norwegen = 3,0649 Procent spec. Verlust.

Für Kiefernstoff aus der Fabrik Hertelsaue in Brandenburg = 4,0221 Procent spec. Verlust.

Für Espenstoff aus der Fabrik Hertelsaue in Brandenburg = 7,7729 Procent spec. Verlust.

Für Espenstoff aus der Fabrik Fritzöe in Norwegen = 8,4506 Procent spec. Verlust.

Man sieht, der Verlust kann je nach der Holzart ziemlich gross werden und das Resultat des Holzschliffes bedenklich beeinflussen, nicht minder aber auch für den vegetabilischen Leim ein zu grosses Resultat veranlassen.

Ja man sieht sogar, dass die bisherige Bestimmungsmethode des vegetabilischen Leims ganz unbrauchbare und unzuverlässige Zahlenwerthe ergiebt, wenn man nicht zugleich die quantitative Bestimmung des Holzschliffes vornimmt und darnach den Gehalt des vegetabilischen Leims corrigirt. Jede einzelne Bestimmung des vegetabilischen Leims eines holzschliffhaltigen Papieres ist, sobald sie mit verdünnter Salzsäure und Alkohol in der bisher üblichen Weise ausgeführt wird, ungenau und dieses umsomehr, als der Procentgehalt an Holzschliff im Papiere wächst.

Hier mag man den Einwand erheben, dass diese speciellen Verlustzahlen nicht nothwendigerweise bei der Bestimmung des vegetabilischen Leims in Rechnung kommen brauchen, weil dieselbe nicht durch Ammoniak, sondern durch verdünnten Alkohol und Salzsäure ausgeführt wird, und dieser mehr oder

---

[1]) Der Tannenstoff enthält kein Harz sondern nur ätherische Oele, wodurch sich das Fehlen der Harzgänge erklärt, vergl. Dingl. Polyt. Journ. Bd. 249. S. 235 a. a. O.

weniger Extractivstoffe als das Ammoniak in Lösung bringen kann.

Aus diesem Grunde wurden Proben der einzelnen Holzschliffe auch mit verdünntem, salzsauren Alkohol behandelt, und zwar bestand das Lösungsmittel aus gleichen Theilen absoluten Alkohols und destillirten Wassers, auf je 100 Cubikcentimeter dieser Mischung wurden 2 Cubikcentimeter concentrirte Salzsäure zugefügt.

Mit diesem Lösungsmittel wurden die absolut getrockneten und genau gewogenen Holzschliffe im Kolben digerirt, der Rückstand durch gewogene Trichter mit Platinconus resp. Glaswolle filtrirt, erst mit reinem Alkohol, dann mit heissem Wasser ausgewaschen, der letzte Rest von Salzsäure durch verdünntes Ammoniak neutralisirt und schliesslich mit kochendem Wasser tüchtig ausgelaugt, alsdann bis zum constanten Gewicht getrocknet und gewogen; man fand:

für Fichtenstoff aus Schlöglmühl $= 2,1456$ Procent Extractivstoffe;

für Fichtenstoff aus Wildenfels i. S. $= 2,5098$ Procent Extractivstoffe;

für Tannenstoff aus Fritzöe i. Norwegen $= 3,0927$ Procent Extractivstoffe;

für Kiefernstoff aus Hertelsaue i. Brandenburg $= 4,0333$ Procent Extractivstoffe;

für Espenstoff aus Hertelsaue i. Brandenburg $= 7,9231$ Procent Extractivstoffe;

für Espenstoff aus Fritzöe i. Norwegen $= 8,8472$ Procent Extractivstoffe.

Man ersieht sofort, dass sich die beiden Reihen der mit Ammoniak und der mit Salzsäure und Alkohol behandelten Holzschliffe vollständig decken, so dass über die Abhängigkeit der Holzschliffbestimmung und der vegetabilischen Leimbestimmung von dem speciellen Verlust kein Zweifel mehr sein kann.

Beim Vergleich der beiden Zahlenreihen macht sich allerdings ein kleiner Ueberschuss bei der Behandlung mit Salzsäure und Alkohol bemerkbar, der wohl nicht ganz zufällig zu sein scheint, wir können ihn aber wohl unbeschadet vernachlässigen.

Jedenfalls aber trägt die Kenntniss dieses bisher übersehenen speciellen Verlustes wesentlich zur Genauigkeit einer Papieranalyse bei, wobei besonders der Holzschliff und der vegetabilische Leim ins Gewicht fallen.

Wie grosse Fehler man bei Vernachlässigung des speciellen Verlustes und bei Berücksichtigung desselben bei den verschiedenen Holzschliffarten begeht oder begehen kann, möge folgendes Beispiel klar machen:

Hätte man für ein vegetabilisch geleimtes, holzschliffhaltiges Papier ohne mikroskopische Vorprüfung und ohne Berücksichtigung des speciellen Verlustes als Zusammensetzung gefunden:

$$
\begin{aligned}
\text{Holzschliff} \quad &= \quad 60 \text{ Procent} \\
\text{vegetabil. Leim} &= \quad 10 \qquad \text{-} \\
\text{Cellulose} \quad &= \quad 30 \qquad \text{-} \\
\hline
\text{in Summa} &= 100 \text{ Theile;}
\end{aligned}
$$

so würde sich bei der Annahme, dass einer der erwähnten Holzschliffe zugegen ist, als vierfach mögliches Resultat ergeben:

1. für Fichtenstoff, specieller Verlust = 2,0131 Procent

$$
\begin{aligned}
\text{Holzschliff} \quad &= \quad 61,2325 \text{ Procent} \\
\text{vegetabil. Leim} &= \quad 8,7675 \qquad \text{-} \\
\text{Cellulose} \quad &= \quad 30,0000 \qquad \text{-} \\
\hline
\text{in Summa} &= 100,0000
\end{aligned}
$$

2. für Tannenstoff, specieller Verlust = 3,0649 Procent

$$
\begin{aligned}
\text{Holzschliff} \quad &= \quad 61,8963 \text{ Procent} \\
\text{vegetabil. Leim} &= \quad 8,1037 \qquad \text{-} \\
\text{Cellulose} \quad &= \quad 30,0000 \qquad \text{-} \\
\hline
\text{in Summa} &= 100,0000
\end{aligned}
$$

3. für Kiefernstoff, specieller Verlust $= 4,0221$ Procent

$$
\begin{aligned}
\text{Holzschliff} &= 62,5143 \text{ Procent}\\
\text{vegetabil. Leim} &= 7,4857 \quad\text{-}\\
\text{Cellulose} &= 30,0000 \quad\text{-}\\
\hline
\text{in Summa} &= 100,0000
\end{aligned}
$$

4. für Espenstoff, specieller Verlust $= 8,0000$ Procent

$$
\begin{aligned}
\text{Holzschliff} &= 65,2174 \text{ Procent}\\
\text{vegetabil. Leim} &= 4,7826 \quad\text{-}\\
\text{Cellulose} &= 30,0000 \quad\text{-}\\
\hline
\text{in Summa} &= 100,0000
\end{aligned}
$$

Aus diesen Beispielen ersieht man, dass nicht nur die Holzschliff-Bestimmung, sondern auch die des vegetabilischen Leims von der mikroskopischen Voruntersuchung sehr abhängig ist, dass die Vernachlässigung des speciellen Verlustes aber Veranlassung zu groben Fehlern bei der Bestimmung beider Bestandtheile geben kann.

Bei der Bestimmung des speciellen Verlustes eines Holzschliffs darf man aber nicht etwa Fichtenholz oder Espenholz etc. als solches bei der Untersuchung verwenden, sondern muss die Holzschliffe derselben untersuchen, es ergiebt sich dieses nothwendigerweise aus dem Umstande, dass die Holzarten durch den Schleifprocess selbst schon gewisse Bestandtheile einbüssen, so dass Schleifholz und Schleifstoff schon qualitativ von einander verschieden sind, aber nur letzterer als Rohstoff in der Papierfabrication zur Verwendung gelangt.

Ferner hat man bei der Ausführung der Bestimmung des speciellen Verlustes darauf Rücksicht zu nehmen, dass derselbe möglichst unter den gleichen physicalischen Bedingungen vorgenommen wird, wie die Holzschliffbestimmung selbst, also bei möglichst feiner Vertheilung des Holzschliffes; aus diesem Grunde muss der Holzschliff fein zerfasert oder doch zerrieben werden, bevor er mit Ammoniak behandelt wird.

Durchschnittlich wird man, ohne zu grosse Fehler zu begehen, mit folgenden speciellen Verlustzahlen rechnen können:

specieller Verlust für Fichtenstoff durchschnittlich = 2 Procent
    -        -   - Tannenstoff   -   = 3   -
    -        -   - Kiefernstoff   -   = 4   -
    -        -   - Espenstoff   -   = 8   -

Es versteht sich von selbst, dass die von mir für die vier genannten Holzschliffe angegebenen genaueren Verlustzahlen keine allgemeine Gültigkeit haben, dieselben sind zwar ganz directen Bestimmungen entnommen, gelten indessen auch nur für die von mir benutzten Proben; geringe Schwankungen werden stets bei der Bestimmung des speciellen Verlustes eintreten, welche durch das Alter und die Ernährung des ursprünglichen Baumes und noch durch manche andere nicht ohne Weiteres zu ermittelnde Umstände veranlasst werden.

Nach dieser Richtung hin sind nothwendigerweise noch umfassendere Versuche anzustellen, um zu allgemein brauchbaren Durchschnittszahlen zu gelangen; vorläufig möchten aber die von mir angegebenen Werthe einigermassen genügen, ich habe mehrfach diese Bestimmungen auch mit anderen, hier nicht erwähnten Schleifstoffen gleicher Art vorgenommen, und stimmten die speciellen Verluste der einzelnen Holzarten gut überein.

Ergiebt die mikroskopische Untersuchung das Vorhandensein mehrerer Holzschliffarten, so muss man zunächst das ungefähre Verhältniss ihrer Quantitäten zu bestimmen suchen und hat dementsprechend die Bestimmung der speciellen Verluste des Gesammtholzschliffes aus den Verlusten der einzelnen Componenten stattzufinden.

Letzterer Fall dürfte nur selten und nur bei geringeren Papiersorten eintreten, wo alsdann eine genaue quantitative Holzschliffbestimmung kaum erforderlich sein dürfte; indessen ist die Genauigkeit des Resultates auch hier von der einigermassen richtig erkannten Grösse des speciellen Verlustes abhängig, daher so, wie angegeben, verfahren werden muss.

Sollte die mikroskopische Untersuchung einen anderen, fremden Holzschliff als vorliegend ergeben, so muss zunächst aus den histologischen Kennzeichen die Art des Holzes festgestellt werden, dann aber suche man sich eine Probe von dieser Holzart entsprechendem Holzschliff zu verschaffen und bestimme aus dieser den speciellen Verlust.

Eine vollständige Vernachlässigung des speciellen Verlustes darf aber unter keinen Umständen begangen werden, da dadurch die Genauigkeit stets zweier Bestandtheile (Holzschliff und vegetabilischer Leim) in Zweifel gezogen wird, wodurch die ganze Analyse an Werth verliert.

Jeder, welcher derartige Untersuchungen ausführt, wird sich am sichersten und besten über die Fehlergrössen orientiren, wenn er Holzschliffe verschiedenen Ursprungs und verschiedener Art auf ihren speciellen Verlust prüft und sich zugleich mit den einzelnen Faserstoffen und ihren characteristischen Merkmalen unter dem Mikroskop bekannt macht.

Handgriffe und Ausführung der Untersuchungsmethode.

Der oben beschriebene Gang der quantitativen Holzschliffbestimmung bietet bei seiner Anwendung zwar keine grossen Schwierigkeiten dar, aber es wird gut sein, auf einige Punkte besonders aufmerksam zu machen, um das Gelingen einer so zeitraubenden Arbeit nicht in Frage zu stellen.

Zunächst muss jedes Untersuchungspapier für sich im absolut trocknen Zustande gewogen werden, es ist ganz falsch und unzulässig, irgend einen procentischen Trockengehalt anzunehmen, nicht ein einziges Papier wird mit einem anderen, auch nicht mit aus demselben Bogen geschnittenen, in Bezug auf den absoluten Trockengehalt übereinstimmen. Die Trocknung der Papiere geschieht stets in Wiegegläsern, die gut schliessen, bei 100° bis höchstens 105° C., geleimte Papiere sind ganz besonders vor höherer Temperatur in Acht zu nehmen, weil sie, namentlich bei hohem Gehalt an animalischem Leim, sich schon bei 107° C. dunkler färben und offenbar eine substanzielle Veränderung erleiden.

Sämmtliche Wägungen, sowohl des Papieres als auch später des Holzschliffes auf dem Trichter, sind erst nach vollständiger Abkühlung der Gefässe vorzunehmen, und zwar müssen offene Trichter mit Holzschliff stets in einem gut schliessenden und gut functionirenden Exsiccator erkalten; die Wägung derselben hat schnell ohne Zeitverlust stattzufinden oder geschieht in grossen, dem Gewicht nach genau bekannten, Wiegegläsern, in welche man den ganzen Trichter hineinsteckt, sodass die trockene Holzschliffmasse keine Gelegenheit hat, Feuchtigkeit in sich aufzunehmen. Die Wägungen selbst sind bis zum constanten Gewicht zu wiederholen.

Die Anfertigung der Glaswollfilter muss ganz besonders sorgsam gemacht werden, da von diesen das Gelingen der Analyse wesentlich abhängt. In einen Trichter mit möglichst weitem Rohr und circa 30 Cubikcentimeter Inhalt wird in mehreren Schichten Glaswolle mittelst eines glatten Holzstäbchens geschoben, so dass das Trichter-Rohr bis zur Hälfte seiner Länge lose damit angefüllt ist. Nach der Anfertigung eines solchen Glaswollfilters giesse man destillirtes Wasser darauf, dasselbe darf nicht in einzelnen Tropfen hindurchgehen, sondern muss gerade noch im zusammenhängenden Faden abfliessen; andererseits aber darf das Filter nicht gar zu lose gepackt sein. Nach dieser Vorprüfung wird der Trichter nebst Filter bis zum constanten Gewicht getrocknet und im kalten Zustande genau gewogen.

Beim Filtriren des im Kupferoxydammoniak enthaltenen Holzschliffes ist es gut, wenn man das Filtrat in einem Messcylinder auffängt, man weiss, dass der flüssige Kolbeninhalt 240 Cubikcentimeter beträgt (60 ccm Na Cl Lösung, 120 Kupferoxydammoniak, $60H_2O$); hat man den Holzschliff nun 10 bis 12 Stunden sich absetzen lassen, so ist es leicht, circa 200 Cubikcentimeter schnell zu filtriren, den Rest filtrire man alsdann für sich und mit der Vorsicht, dass die ersten trüben Tropfen zurückfiltrirt werden, das Filter dichtet sich selbst sehr bald, so dass das Filtrat zwar langsam aber klar abtropft. Hat man die Glaswolle zu dicht gepackt, so verstopfen sich leicht die Filter, die Analyse bleibt gewissermassen stehen; durch Diffusion des Ammoniaks und durch die Kohlensäure der atmosphärischen Luft scheidet sich alsdann gelöste Cellulose noch vor dem Filtriren aus, und die Untersuchung muss noch einmal gemacht werden.

Gerade des schwierigen Filtrirens wegen müssen die Glaswollfilter recht sorgfältig hergestellt werden, und ist ein gutes Absetzen des Holzschliffes und der Erden erforderlich; aus demselben Grunde ist das Aufrühren des Bodensatzes beim Filtriren so lange als irgend möglich zu vermeiden, daher man den Kolben möglichst langsam in einer drehbaren Klammer am Stativ bewegt. Um kleinere Verluste zu vermeiden bestreicht man den Kolbenrand mit etwas Talg und giesse langsam ohne Glasstab aus.

Der Kolben selbst darf nicht zu klein sein, es schüttelt sich am besten in einem von 320 Cubikcentimeter Inhalt (bis an den Rand gemessen), auch giesst sich der Inhalt von 240 Cubikcentimeter ohne Aufsteigen von Luftblasen, bei nicht zu engem Halse, aus, was bei kleineren Kolben leichter der Fall ist, was aber zu vermeiden ist, weil dadurch der Bodensatz aufgerührt wird.

Bei den Aräometer-Ablesungen ist zu bemerken, dass

dieselben ohne Meniskus-Correctur stattfinden, bei dem von mir benutzten Instrument betrug die Meniskus-Adhäsion gerade einen Theilstrich, das Aräometer zeigte also im Ammoniak genau auf 0,904, wenn als specifisches Gewicht 0,905 und ebenso im Kupferoxydammoniak auf 0,934, wenn als specifisches Gewicht 0,935 angegeben wird.

Aräometer, welche nur ein Ablesen von fünf zu fünf specifischen Gewichtseinheiten gestatten, sind für diesen Zweck nicht anwendbar, vielmehr muss ein derartiges Instrument[1]) von 0,900 bis 1,000 (Wasser = 1,000) in einzelne Einheiten getheilt sein und eine möglichst dünne Spindel besitzen, weil von der Genauigkeit der gestellten Kupferoxydammoniaklösung die ganze Analyse abhängig ist.

Das Kupferoxydammoniak hält nicht lange das ursprüngliche specifische Gewicht von 0,935 inne, es bilden sich kleine blaue Krystallnadeln am Boden des Gefässes, und das specifische Gewicht sinkt bedeutend herab, man kann alsdann etwas trockenes Kupferoxydhydrat nachfüllen und stellt wieder mit Ammoniak von 0,905 spec. Gewicht; besser ist es aber, wenn man eine neue genaue Lösung herstellt; bei fehlgehenden Analysen ist meistens eine nicht genau gestellte Kupferoxydammoniaklösung die Veranlassung. Das Kupferoxydammoniak erleidet namentlich im Sonnenlicht Veränderungen, es ist daher vor Licht geschützt aufzubewahren. Im Uebrigen kommen alle bei quantitativen Arbeiten geltenden Regeln zur Anwendung und sind möglichst genau zu befolgen, ganz besonders sind die Wägungen wegen der stark hygroscopischen Eigenschaften der Papiere und der Holzschliffe ohne Zeitverlust und doch mit grosser Genauigkeit auszuführen.

---

[1]) Ich liess bei J. C. Greiner, Berlin Kurstrasse 15 ein derartiges Aräometer herstellen, und war ich mit demselben sehr zufrieden.

Ueber die Genauigkeit der Methode.

Bereits mehrfach ist darauf aufmerksam gemacht worden, dass die Genauigkeit der Untersuchung abhängig ist von der genauen Kenntniss des speciellen Verlustes des Holzschliffes, von der genauen Herstellung des Kupferoxydammoniaks u. s. w., es sind dieses Bedingungen, die sich von selbst verstehen, es erübrigt aber noch derjenigen Genauigkeit Erwähnung zu thun, welche durch diese Bestimmungsmethode überhaupt erreichbar ist.

Man war bisher gewohnt, nach der procentischen Bestimmung von Leim und Erden den verbleibenden Rest eines Papieres als Faserstoffe aufzufassen; wie ich bewiesen habe, ist diese Annahme aber bei Gegenwart von Holzschliff unzulässig, weil der Gehalt an vegetabilischem Leim auf Kosten des Holzschliffes zu gross gefunden wird und umgekehrt für die Faserstoffe ein zu kleiner Rest verbleibt.

Da die Bestimmung des speciellen Verlustes nur selten direct und genau ausführbar ist, und in den meisten Fällen die Zuhilfenahme eines Durchschnittsverlustes, je nach dem mikroskopischen Befund, geboten sein wird, so ist es klar, dass dadurch Fehler begangen werden, welche auf die Genauigkeit der ganzen Methode von Einfluss sind.

Ist nun für eine grosse Anzahl von Holzschliffen der specielle Verlust ermittelt, so wird man berechtigt sein, die Quantität des gefundenen Holzschliffes mit dem grössten und kleinsten Werth des speciellen Verlustes zu corrigiren und zwischen den beiden so gefundenen Zahlen die Grenzen zu erblicken, zwischen welchen der thatsächliche Gehalt an Holzschliff liegen muss.

Zur Zeit fehlt es in dieser Beziehung noch an umfassenden Resultaten, jedoch lässt sich schon jetzt übersehen, dass bei der Holzschliffbestimmung allein leicht Fehler bis zu zwei Procent begangen werden können.

Bedenkt man nun ferner, dass auch der Erdengehalt durch einfache Veraschung nicht ganz genaue Resultate ergiebt, indem auch die zur Papierbereitung verwendeten Faserstoffe einen wägbaren Aschengehalt hinterlassen, der bei genauen Analysen zu eliminiren ist, so wird man im Hinblick auf die vielfachen Operationen, welche der Gang der Untersuchung in einzelnen Fällen erfordert, nicht umhin können, die Fehlersumme aller Bestimmungen auf drei Procent zu veranschlagen.

Dass der bei der Bestimmung der Erden durch directe Veraschung des Papieres gemachte Fehler, welcher durch die von den Faserstoffen herrührende Asche bedingt wird, nicht sehr gross ist, ergiebt ein Blick auf folgende Aschengehalte einiger Rohstoffe:

Sulfitcellulose von Ritter-Kellner hinterliess 2,0032 Procent Asche;

Sulfitcellulose von Simonins hinterliess 0,5856 Procent Asche;

Sulfitcellulose von Kübler und Niethammer hinterliess 0,7542 Procent Asche;

Natroncellulose aus Altdamm hinterliess 1,3041 Procent Asche;

Natroncellulose aus Malmoe hinterliess 1,7601 Procent Asche;

Natroncellulose aus Danzig hinterliess 1,7848 Procent Asche;

Kiefernstoff aus Hertelsaue hinterliess 0,5376 Procent Asche;

Espenstoff aus Hertelsaue hinterliess 0,2954 Procent Asche;

Fichtenstoff aus Schlöglmühle hinterliess 0,4236 Procent Asche;

Fichtenstoff aus Wildenfels hinterliess 0,5536 Procent Asche;

Tannenstoff aus Fritzöe hinterliess 0,3960 Procent Asche;
Espenstoff aus Fritzöe hinterliess 0,1526 Procent Asche.

Aus diesen Aschenbestimmungen ergiebt sich, dass der bei der Bestimmung der Erden begangene Fehler keine beachtenswerthe Grösse erreichen kann, indessen wird die Genauigkeit der Methode unter Umständen dennoch geringer.

Selbstverständlich gehört zu der Ausführung der quantitativen Bestimmung erst Uebung und Erfahrung, bevor die Analysen zuverlässig werden, immerhin aber habe ich es bei einer sehr grossen Reihe von Analysen bestätigt gefunden, dass die Methode bei complicirteren Analysen nur auf eine Genauigkcit bis auf drei Procent Anspruch machen kann, welche aber auch bei gewissenhafter Arbeit erreicht wird.

Bei der Schwierigkeit des Problemes glaube ich, dass dieses Resultat schon ein recht günstiges ist, und wenn meine Arbeit dazu beiträgt, eine Anregung für dahin zielende Untersuchungen zu geben, mit Hilfe derer später eine grössere Genauigkeit erreicht wird, so ist der Zweck derselben vollständig erreicht; bis dahin aber, hoffe ich, wird auch vorliegendes Schriftchen seine Schuldigkeit thun.

Zusammenstellung einiger Resultate.

Papier.	Holz-schliff	Cellu-lose	Erden	Animal. Leim	Vegetab. Leim	Summa	Fehler des Holzschliffes
No. 1 ungeleimt	79,9609	20,0391	—	—	—	100,0000	— 0,0391 %
No. 1 ungeleimt	79,8423	20,1577	—	—	—	100,0000	— 0,1577 „
No. 1 doppelt geleimt	73,7791	18,6840	—	2,1246	5,4123	100,0000	+ 0,1913 „
No. 2 ungeleimt	70,9497	29,0503	—	—	—	100,0000	+ 0,9497 „
No. 2 ungeleimt	71,2011	28,7989	—	—	—	100,0000	+ 1,2011 „
No. 3 ungeleimt	58,4149	41,5851	—	—	—	100,0000	— 1,5851 „
No. 4 ungeleimt	52,0444	47,9556	—	—	—	100,0000	+ 2,0444 „
No. 4 ungeleimt	51,8742	48,1258	—	—	—	100,0000	+ 1,8742 „
No. 4 ungeleimt	51,7777	48,2223	—	—	—	100,0000	+ 1,7777 „
No. 5 ungeleimt	40,6001	59,3999	—	—	—	100,0000	+ 0,6001 „
No. 6 ungeleimt	29,8075	70,1925	—	—	—	100,0000	— 0,1925 „
No. 7 ungeleimt	19,2236	80,7764	—	—	—	100,0000	— 0,7764 „
No. 8 ungeleimt	9,0600	90,9400	—	—	—	100,0000	— 0,9400 „
No. 8 ungeleimt	10,2424	89,7576	—	—	—	100,0000	+ 0,2424 „
No. 8 ungeleimt	10,5200	89,4800	—	—	—	100,0000	+ 0,5200 „
No. 8 vegetab. geleimt	8,2256	82,7019	—	—	9,0726	100,0000	— 0,8672 „
No. 9 doppelt geleimt	37,8608	42,9516	11,4580	2,5834	5,1462	100,0000	— 2,5454 „
No. 9 doppelt geleimt	37,1127	43,6090	11,4580	2,6211	5,1992	100,0000	— 3,2481 „
No. 10 doppelt geleimt	37,0787	35,1621	20,2458	1,8806	5,6328	100,0000	+ 0,9583 „
No. 10 doppelt geleimt	37,3840	34,5019	20,2458	1,9241	5,9442	100,0000	+ 1,4411 „
No. 11 ungeleimt	73,8148	26,1852	—	—	—	100,0000	— 1,1852 „
No. 11 ungeleimt	74,2223	25,7777	—	—	—	100,0000	— 0,7777 „
No. 12 vegetab. geleimt	47,1835	45,6782	—	—	7,1383	100,0000	+ 0,7527 „
No. 12 vegetab. geleimt	46,4455	46,0653	—	—	7,4892	100,0000	+ 0,1901 „
No. 13 doppelt geleimt	21,1907	66,6423	—	2,6894	9,4776	100,0000	— 0,7676 „
No. 13 doppelt geleimt	22,5816	65,4633	—	2,8437	9,1114	100,0000	+ 0,5704 „